물리로 보는 세상

THE PHYSICS
OF EVERYDAY PHENOMENA

한원열 지음

淸文閣

머리말

'물리라는 학문에 대하여 어떻게 생각하는가?'라는 질문을 해 보면 대다수의 학생들은 '딱딱하다, 지루하다, 어렵다' 등의 부정적인 대답을 한다. 그래서 '왜 어렵다고 생각하는가?'라는 질문을 다시 던지면 '수식이 많다, 외울 것도 많다'는 것이 공통된 답변이다.

알고 있는 바와 같이 물리는 우리 주변에서 일어나는 자연현상을 논리적으로 설명하는 학문분야이고, 그 설명을 논증하기 위해 식이라는 언어가 필요하다. 자연적인 현상은 암기하는 것이 아니고 이해하고 몸으로 느끼는 것인데, 그 원리를 무조건 외워서 자연을 이해하려고 한다면 이 얼마나 잘못된 생각인가? 하나의 게임에서 주도권을 잡으려면 게임의 규칙을 어느 정도 이해하는가 하는 것이 중요한 관건일 것인데, 게임의 규칙만 암기하면 되는 줄로 착각하는 것과 마찬가지일 것이다.

이 책은 물리학에 관심은 있지만 너무 어려워 포기를 했거나 물리학을 전혀 모르는 학생들에게 도움을 주고자 만든 것이다. 그래서 수식을 단순화하여 초보적인 수학적 지식만으로도 생활 속에 숨어 있는 물리적인 현상들의 원리를 이해할 수 있도록 하였다. 책의 내용은 주로 물체들의 움직임, 열, 소리, 빛, 전기, 자기, 원자력 등에 관해 다루었으며, 각 분야별로 현재의 연구 성과가 어디까지 진행되어 있으며 앞으로 발전 가능성은 어느 정도인가 하는 것도 일부분 다루었다.

이 책은 한 학기에 소화할 수 있도록 분량을 적절히 조절하였다. 이 책을 통해 물리에 대한 흥미를 찾고 모든 분야에서 능동적이고 창의적인 생각을 하는 데 도움이 되었으면 하는 바램이다.

끝으로 이 책의 출판에 도움을 주신 청문각의 김홍석 회장님 이하 편집부 여러분께 감사드리며, 또한 삽화를 도와준 이슬비 학생에게 고마움을 전한다.

2010년 8월
한 원 열

차 례

제**1**과

단위 이야기

단위는 어떤 물리적인 양을 객관적으로 나타내기 위하여 필요한 것인데, 그 중요성은 자연과학에서는 물론이고 일상생활 속에서도 이루 다 말로 설명할 필요가 없을 정도이다. 예를 들어 가정주부가 오랜만에 가족들에게 고기반찬을 해주려고 정육점에 가서 주인에게 "쇠고기를 사려는데요, 등심으로요." 그랬더니 주인은 "얼마나 드릴까요?" 주부는 두 손을 벌리며 "이만큼요." 한다면 어떻겠는가? 약속을 할 때도 '점심 때쯤 ○○백화점 앞에서 만나자.' 라든가 자동차 속도제한을

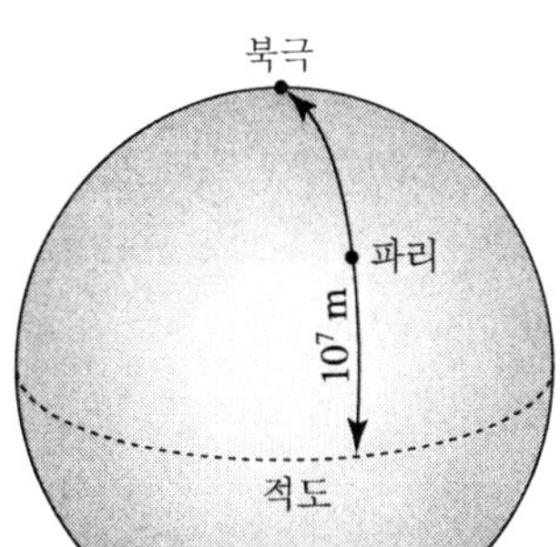

그림 1.1 최초의 1 m의 기준은 북극-파리-적도를 잇는 거리의 천만분의 1이다.

'쏜살같이 달리지는 말자.' 등으로 한다면 지금보다 스트레스는 적게 받겠지만 시빗거리가 될 소지가 있지 않겠는가? 또한 정밀성을 요구하는 과학분야에서 물의 온도를 정의하는데 '뜨겁지 않을 정도의 물'이라고 표현한다면 그 온도를 누구의 감각으로 정의하겠는가?

1960년대 이전에는 각 나라마다 사용하는 단위가 서로 같지 않기 때문에 발생되는 문제점들이 많이 있었고 이러한 문제점들을 해결하기 위해 학자들이 모여 과학분야에서 **국제단위계**(Système International, SI)를 사용하기로 합의하였다. 과학계에서는 이러한 국제단위계로의 전환을 모색하고 통일을 시키려고 노력하고 있지만 일상생활에서까지 단위체계를 바꾼다는 것이 쉬운 일은 아닌 것 같다. 오죽하면 우리나라에서는 일상생활에서 돈, 평, 리, 인치 등의 단위를 사용하면 벌금을 물리기까지 하겠는가? 국제단위계는 기본단위, 보조단위, 유도단위로 구성되어 있으며, 그 각각은 다음과 같다.

기본단위 : m, kg, s, A, K, cd, mol
보조단위 : rad, sr
유도단위 : N, J, W, V, Ω, Hz, T, H, lux, C, Pa, F, Wb, lm···

이들 단위를 사용하는 데 있어서 너무 크거나 작을 경우에는 접두사를 붙여 간편하게 쓰기도 하는데 그 접두사는 표 1.1과 같다. 접두사를 사용하는 데 주의할 점은 접두사는 2개 이상을 붙여서 쓰지 않는다는 것과 온도를 나타내는 K에는 접두사를 붙이지 않는다는 것이다.

숫자를 나타낼 때 23,400,000,000로 쓰는 것보다는 2.34×10^{10}으로 표기하는 것이 훨씬 인식하기가 쉬운데, 이것을 숫자의 과학적 표기법이라고 한다. 또는 이것을 국제단위계의 접두사를 이용하여 23.4 G라고 하면 다른 수치와 비교할 때 수월하게 된다.

표 1.1 국제단위계의 접두사

거듭제곱	접두사		기 호
10^{-18}	아토	atto-	a
10^{-15}	펨토	femto-	f
10^{-12}	피코	pico-	p
10^{-9}	나노	nano-	n
10^{-6}	마이크로	micro-	μ
10^{-3}	밀리	milli-	m
10^{-2}	센티	centi-	c
10^{-1}	데시	deci-	d
10^{1}	데카	deka-	da
10^{3}	킬로	kilo-	k
10^{6}	메가	mega-	M
10^{9}	기가	giga-	G
10^{12}	테라	tera-	T
10^{15}	페타	peta-	P
10^{18}	엑사	exa-	E

단위를 정의할 때는 절대기준이라는 것이 있는데, 이것은 언제, 어디서, 누가 다루든지 항상 같은 값이어야 한다는 것이다. 이런 관점에서 보면 공학에서 주로 사용하는 영국공학단위계(British unit System), 즉 FPS(Feet, Pound, Second) 단위계는 절대기준을 사용하지 않는 문제점이 있다. 예를 들어 길이의 단위에는 이 단위를 만든 영국 어느 왕의 오른손 엄지의 첫째 마디 길이인 inch, 오른쪽 발의 크기인 feet, 오른쪽 팔의 길이인 yard, 왕궁의 정문에서 왕좌까지 거리인 mile 등이 있는데 이들의 기준이 다르기 때문에 서로 혼용되지 못하는 단점이 있다. 또 영국공학단위계에서 일률의 단위인 마력(Hp)은 말 한 마리가 끄는 일률(power)을 말하는 것인데, 힘이 센 말인지 약한 말인지 암말인지 수말인지 구별이 없다.

이와 같이 FPS 단위는 과학에서 사용하기에는 논리적이지 못한 부분이 있기 때문에 프랑스에서 개발된 비교적 논리적인 단위체계인 MKS

단위계를 바탕으로 한 국제단위계가 제안되었고, 그 단위계로 전환이 되어가는 중이다. 하지만 국제단위계에서도 시간에 대해서는 예외를 인정하여 초, 분, 시간, 일, 년 등과 같은 단위 사용을 허용하고 있기는 하다. 그렇지 않으면 50분 수업이 아니라 3000 s 수업이라고 해야 하고, 나이는 20살이 아니고 6.3×10^8 s 또는 0.63 Gs라고 해야 한다.

국제단위계에서 사용하는 1 m의 기준은 '진공 중에서 빛이 1/299,792,458초 동안 진행하는 거리'로 정의한다. 시간의 표준인 초는 세슘원자가 방출하는 빛이 9,192,631,700번 진동하는 시간을 1초로 정의한다. 이러한 세슘원자시계의 정밀성은 6천만 년에 1초 정도의 오차를 갖고 있다. 이렇게 시간과 길이의 초정밀성은 왜 필요한 것일까? 요즈음 자동차에는 GPS를 이용한 네비게이션이 보편화되어 있다. GPS 수신기는 지구상 어디에서나 자동차의 위치를 5~15 m 이내의 정밀도로 나타낼 수 있는 장치이다. 현재 약 20,000 km 상공에 수십 개의 인공위성이 지구 둘레를 돌고 있으며, 지상의 수신기는 4개 이상의 세슘원자 시계를 탑재한 GPS 위성에서 오는 신호를 받을 수 있다. 전파는 아는 바와 같이 광속으로 진행하여 각각 다른 위치에서 약간의 시차를

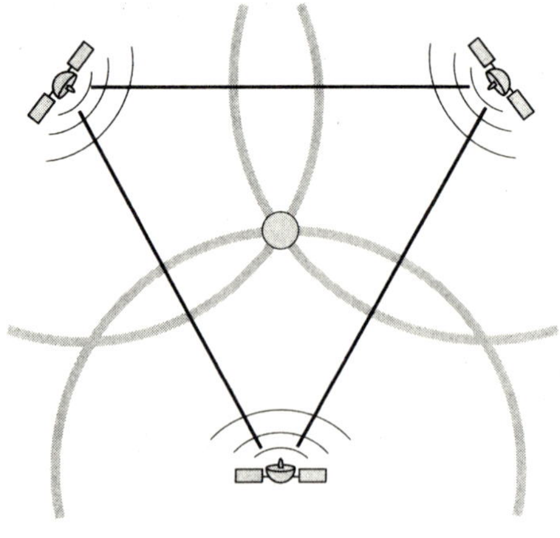

그림 1.2 하늘에서 본 지상의 GPS 수신기(가운데 원형)가 삼각측량법에 의해 위치를 찾는 개략도.

두고 GPS 수신기인 네비게이션에 도착한다. GPS 수신기는 위성으로부터 받은 신호를 삼각측량법에 의해 현재의 위치를 계산한다. 이때 위성들이 싣고 있는 시계의 정밀도가 보장되지 않는다면 '광속 × 걸린 시간'으로 계산되는 거리가 정확하지 않게 된다. 계산을 해보면 20,000 km 거리의 위성에서 15 m의 정밀도를 가지려면 1초당 10^{-13}초 정도의 오차만 허용되는 정밀한 시계가 필요하다.

과학을 공부하는 우리나라 학생들이 처음에 접하게 되는 단위가 주로 영어로 되어 있기 때문에 익숙하지 않아 어려움을 호소하는 경우가 많은데 어쩔 수 없이 적응해야 한다. 우리나라의 과학이 가장 앞서가고 국력이 더 강했더라면 저자의 선조 중 어떤 분이 힘이라는 물리량을 전 세계에서 제일 먼저 정의하여 1한 = 1 근·자/짬^{2}이라고 했다면 오늘날 힘을 1 N = 1 kg·m/s^{2}이라고 하지 않았을 것이다. 아쉬움이 남는다.

단위를 공부하는 데 또 다른 중요한 점은 여러 개의 단위계가 섞여 있는 경우 올바른 계산을 하기 위해서는 계산을 하기 전에 먼저 단위를 하나로 통일시켜야 하는 문제이다. 예를 들어 직사각형의 넓이를 계산하기 위해서 가로는 m로, 세로는 ft로 측정하였다면 그대로 '가로 곱하기 세로'를 하기 전에 단위를 하나의 체계로 맞춘 다음에 계산을 하여야 하는데 이것을 단위환산이라고 한다.

여기에서 단위환산에 대하여 잠깐 살펴보면 다음과 같다.

(1) 시속 120 km로 달리고 있는 자동차는 1초에 얼마나 가겠는가?

$$120\ \mathrm{km/h} = (120\ \mathrm{km/h})\left(\frac{10^3\ \mathrm{m}}{1\ \mathrm{km}}\right)\left(\frac{1\ \mathrm{h}}{3600\ \mathrm{s}}\right) = 33.3\ \mathrm{m/s}$$

$\left(\dfrac{10^3\ \mathrm{m}}{1\ \mathrm{km}}\right)$ 등을 **단위환산 인자**라고 한다. 단위환산 인자의 절댓값은 1이며, 1은 몇 번을 곱해도 전체의 크기는 변하지 않으므로 단위환산 인자를 곱해서 적절한 단위로 환산을 하는 것이다.

(2) 어떤 물체의 부피가 100 ft^3이다. 이것은 국제단위로는 얼마나 될까?

$$100\ ft^3 = (100\ ft^3)\left(\frac{0.3048\ m}{1\ ft}\right)^3$$
$$= (100\ ft^3)\left(\frac{0.0283\ m^3}{1\ ft^3}\right) = 2.83\ m^3$$

또 한 가지 어떤 문제를 해결하기 위해 식을 세웠을 경우 그 식의 정당성은 식의 좌변과 우변의 단위가 같아야 한다는 것이다. 이것이 차원분석이라 하는 유용한 방법이다. 여기에서 차원이라 함은 길이는 [L], 질량은 [M], 시간은 [T] 등으로 표현하여 어떤 양의 물리적 성질을 나타낸다. 예를 들어 힘의 단위는 N이고, N은 $kg \cdot m/s^2$이며, 이것은 차원으로 $[MLT^{-2}]$라고 나타낸다. 또한 식의 계산에서 서로 다른 단위끼리는 더하거나 뺄 수 없으며 이것은 같은 단위끼리만 가능하다. 물론 다른 단위 간에 곱하기, 나누기는 계산이 가능하다.

질문

1 승용차 타이어는 보통 50,000 mile마다 교체한다고 한다. 승용차 타이어의 외경이 0.65 m라면 타이어가 수명을 다할 때까지 몇 바퀴를 돌겠는가?

2 10,000원짜리 지폐로 100억 원이 있다. 1초에 한 장씩 센다면 다 세는 데는 며칠이나 걸리겠는가?

3 자신의 나이를 초로 어림 계산하라.

제 2 과
경제속도

1시간에 10 km를 뛰는 사람이 자기 집에서부터 뛰기 시작하여 2시간 동안 쉬지 않고 뛰었다면 2시간 후에는 어디에 가 있겠는가? 이 질문에 무엇인가 이상한 점을 느꼈다면 여러분은 벌써 물리량 중에서 벡터라고 하는 개념에 대해 이해하고 있음을 의미한다. 뛴 거리는 틀림없이 20 km이지만 현재의 위치는 알 수가 없지 않은가? 이렇게 물리량에는 방향의 개념을 넣지 않고는 설명하기가 곤란하거나 어려운 것들이 있다.

물리량에는 크기만을 가지고 설명되는 것이 있는데, 이것을 스칼라(scalar)라고 하며 거리, 속력, 시간, 온도 등이 있다. 그런데 변위(變位), 속도, 가속도, 힘, 운동량, 토크, 전기장, 자기장 등 아주 많은 물리량들은 크기는 물론이고 방향이 없으면 설명이 되지 않는다. 이것들을 벡터(vector)라고 하는데 자연과학을 잘 이해하기 위해서는 귀찮고 어려워도 벡터를 공부해야 한다.

스칼라는 뺄셈을 하면 절댓값이 줄어들지만 벡터는 오히려 절댓값이 커지는 경우가 있다. 또 스칼라는 1+1은 반드시 2가 되지만 벡터는 2보다 작거나 0이 될 수도 있다. 어떻게 이러한 계산이 가능한가를 간단히 살펴보자.

벡터의 덧셈방법에는 기하학적인 방법과 해석적인 방법이 있다. 기하학적인 방법은 그림을 그려서 더하는 것이고, 해석적인 방법은 수식을 이용하여 덧셈을 하는 것이다. 기하학적인 방법은 삼각형을 이용하는 방법과 평행사변형을 이용하는 방법으로 나뉜다. 벡터를 표기할 때는 굵은 글씨체($\boldsymbol{v}$)로 하든가 활자 위에 화살표를 넣은($\vec{v}$) 형태로 나타낸다. 또 벡터를 그릴 때는 화살표로 그리며 큰 벡터는 길게, 작은 벡터는 짧게 그리고, 화살표의 방향이 그 벡터의 방향을 나타낸다. 그림 2.1(a)에서 $\boldsymbol{A}$와 $\boldsymbol{B}$를 더할 때 $\boldsymbol{A}$의 끝으로 $\boldsymbol{B}$를 평행 이동하여 $\boldsymbol{A}$의 시작점과 $\boldsymbol{B}$의 끝점을 화살표로 연결하는 것이 삼각형법이다. 그림 2.1(b)처럼 $\boldsymbol{A}$의 시작점으로 $\boldsymbol{B}$를 평행 이동한 다음 $\boldsymbol{A}$의 끝점에서 $\boldsymbol{B}$와 나란하게 연장선을 그리고 $\boldsymbol{B}$의 끝점에서도 $\boldsymbol{A}$와 나란하게 연장선을 그어 처음과 나중을 화살표로 연결하는 것이 평행사변형법이다.

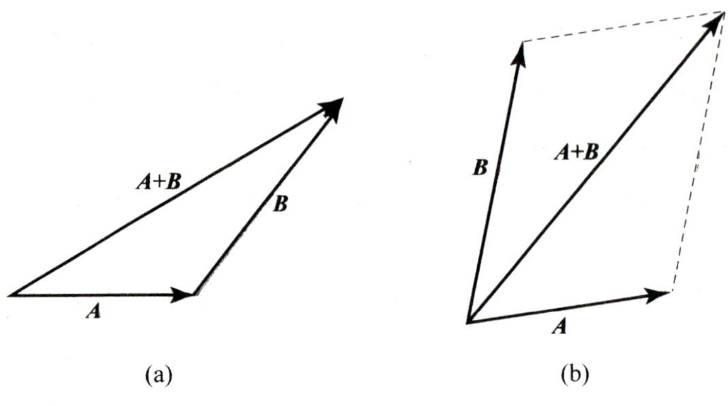

그림 2.1 벡터의 덧셈. (a) 삼각형법, (b) 평행사변형법

$\boldsymbol{A}$와 $-\boldsymbol{A}$는 크기는 똑같지만 방향이 반대인 벡터이다. $\boldsymbol{A}$에서 $\boldsymbol{B}$를 빼는 계산은 스칼라의 빼기와는 전혀 다른 부분이 있다. 벡터에서는 뺄셈의 개념보다는 마이너스 벡터를 더한다는 개념으로 접근해야 그 의미가 더 정확해진다. 즉, $\boldsymbol{A}-\boldsymbol{B}$는 $\boldsymbol{A}+(-\boldsymbol{B})$로 한다. 그림 2.2는 $\boldsymbol{A}$와 $\boldsymbol{B}$의 뺄셈을 보여준다. 만약에 $\boldsymbol{A}$와 $\boldsymbol{B}$ 사이의 각이 $90°$보다 작을 경우에는 $\boldsymbol{A}-\boldsymbol{B}$의 결과는 $\boldsymbol{A}+\boldsymbol{B}$를 계산한 결과보다 그 크기가 작지만, $\boldsymbol{A}$와

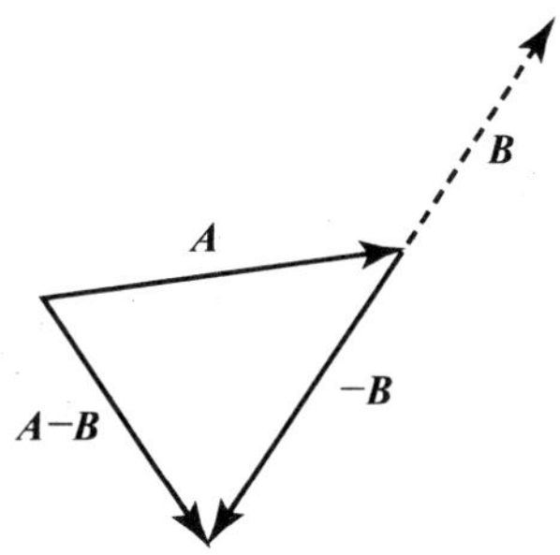

그림 2.2 벡터의 뺄셈

B 사이의 각이 90°보다 클 경우에는 **A−B**의 결과가 **A+B**를 계산한 결과보다 그 크기가 커진다. 각자 그림을 그려서 확인해 보도록 하자.

단위 벡터(unit vector)는 임의의 방향으로 크기가 1인 벡터이다. x, y 축 방향의 단위 벡터를 각각 $\boldsymbol{i}$, $\boldsymbol{j}$로 나타내기로 한다. 그러면 그림 2.3에서 **A**는 x, y 두 방향의 벡터를 더한 것으로 나타낼 수 있으며 $\boldsymbol{A} = A_x\boldsymbol{i} + A_y\boldsymbol{j}$로 쓴다. 즉, **A**는 크기가 A_x이고 x축의 양의 방향을 향하는 벡터와 크기가 A_y이고 y축의 양의 방향을 향하는 벡터의 합으로 나타낼 수 있다. 이것을 벡터의 분해라고 하며 이와 같이 벡터는 여러 방향으로 분해가 가능한 대단히 유용한 특징을 가지며 다시 이것을 하나의 벡터로 합칠 수가 있다.

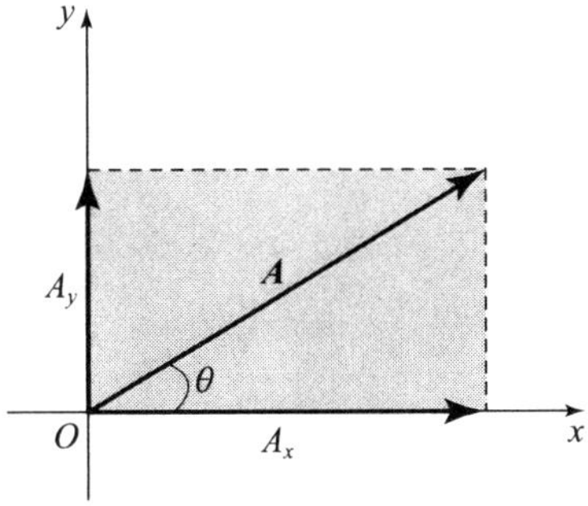

그림 2.3 x, y 평면상의 벡터 **A**는 직각성분 A_x, A_y로 나타낼 수 있다.

그림 2.4 거리와 변위의 차이

그림 2.4에서처럼 달리기에서 뒤쳐진 토끼가 앞서 간 거북이를 따라잡으러 가려면 거북이가 지나간 길을 부지런히 쫓아가야 하는데 이때 움직인 거리는 그 길을 따라서 줄자로 재어보면 된다(그림 2.4의 굵은 선 부분). 그러나 토끼의 위치가 얼마나 변하였는가를 알기 위해서는 처음과 나중의 위치를 알아야 하는데 그 위치에는 반드시 기준점이 있어야 한다. 처음의 위치를 기준으로 한다면 위치의 변화인 **변위**는 나중의 위치에서 처음의 위치를 뺀 값으로 정의한다(그림 2.4의 점선 부분). 이것을 식으로 나타내면 $\Delta x = x_f - x_i$이다. 그러니까 변위는 처음의 위치에서 나중의 위치를 잇는 직선이 된다.

자동차의 움직임을 나타내는 그림 2.5의 위쪽 그림에서 변위는 $\Delta x = 50$ m이지만 아래쪽 그림에서의 변위는 $\Delta x = -60$ m가 되는데, 이때 (−) 부호의 의미는 자동차가 반대 방향으로 움직였음을 나타내는 것이다. 앞으로 (−) 부호가 있는 물리량은 고려하는 어떤 방향과 반대 방향을 의미한다는 것을 명심해야 한다.

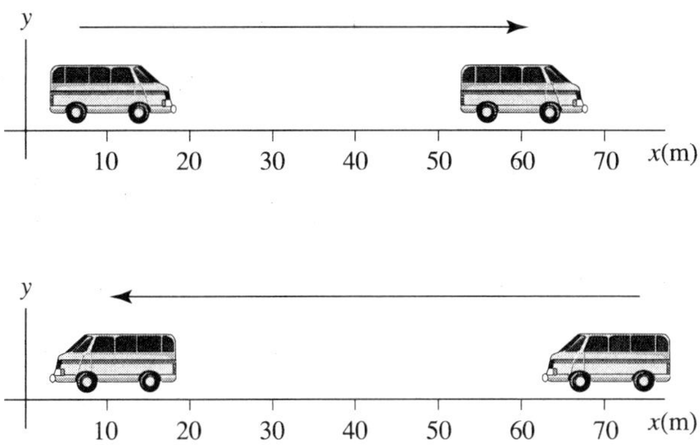

그림 2.5 변위의 계산

움직이는 물체가 주어진 시간 동안 얼마나 빠르게 움직였는가를 나타내는 물리량은 다음 두 가지로 정의된다.

$$\text{속력} = \frac{\text{거리}}{\text{시간}}, \qquad \text{속도} = \frac{\text{변위}}{\text{시간}}$$

경기용 자동차 운전자는 자동차가 얼마나 빨리 달리는가에 관심이 있으므로 속력에 관심을 가지며, 비행기 조종사는 얼마나 빨리 어느 방향으로 향하는가에 관심이 있으므로 속도에 관심을 갖게 된다. 속력과 속도의 단위는 [m/s]로 같지만, 속력은 방향이 없는 스칼라량이고, 속도는 방향을 고려해야 하는 벡터량이다. 따라서 속도가 -10 m/s라고 하면 기준 방향과 반대 방향의 움직임을 나타낸다.

속력의 단위는 사용에 편리하고 유용하다면 시간과 거리의 비로 나타내는 어떤 조합도 가능하다. 예를 들어 자동차의 속력을 나타낼 때에는 한 시간에 몇 km인 [km/h], 달팽이의 움직임을 나타낼 때에는 한 시간에 몇 cm인 [cm/h] 등으로 나타낼 수 있다.

자동차를 운전하여 인천에서 서울까지 40 km를 1시간 걸려서 움직였다고 하면 빠르기를 나타내는 40 km/h는 평균속력의 의미를 갖는다. 평균속력이라 함은 빨강 신호등 때문에 잠시 멈추어 있었던 정보와 때로는 100 km/h 이상으로 과속을 한 정보가 뭉뚱그려져 있기 때문이다.

이때 자동차가 움직이는 매 순간마다의 빠르기(순간속력)를 알고자 한다면 시간을 아주 짧게 잡아야 한다. 이것을 식으로 표현하면

$$\text{평균속력은 } \overline{v} = \frac{\Delta x}{\Delta t} \text{ 이고, 순간속력은 } v = \lim_{\Delta t \to 0}\left(\frac{\Delta x}{\Delta t}\right) \text{이다.}$$

여기에서 $\lim_{\Delta t \to 0}$은 시간이 0에 근접할 만큼 아주 짧은 순간을 의미한다. 이러한 사실을 염두에 두고 왜 과속이 무의미한가를 살펴보기로 하자.

과속을 하게 되면 그만큼 주행시간이 줄어들게 되어 꼭 기름이 낭비되지는 않을 것 같은데도 과속은 비경제적이고 비효율적이며 안전하지 못하다는 이유는 무엇일까?

표 2.1은 어떤 자동차의 주행속도에 대한 오염물질 배출량과 연비를 나타낸 것으로 국립환경연구원에서 발표한 자료이다. 먼저 경제적인 측면을 생각해 보면 표에서 보는 바와 같이 자동차의 연비가 120 km/h에서는 1 L당 14.08 km인 데 비해 80 km/h에서는 그보다 50%가 높은 1 L당 21.54 km/h이다. 따라서 같은 거리를 이동하는 데 들어가는 연료비는 120 km/h일 때보다 80 km/h일 때가 50% 정도 싸게 먹힌다는 것이다. 어떻게 이러한 결과가 나올 수 있을까? 그 이유는 자동차의 빠르

표 2.1 주행속도에 따른 연비와 오염물질 배출량의 관계

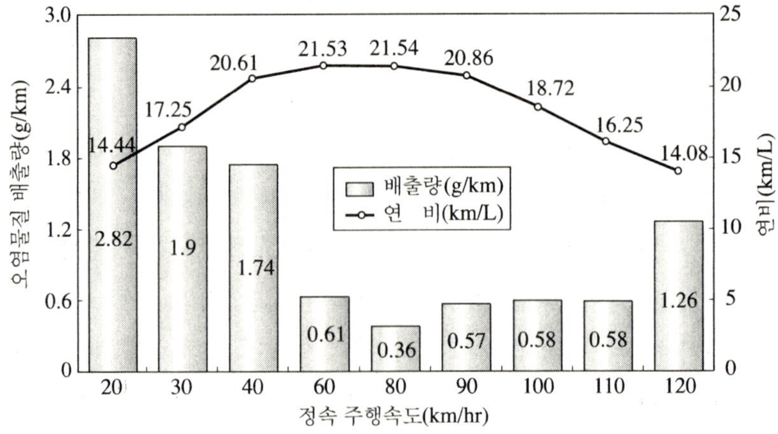

기가 증가하게 되면 자동차의 움직임을 방해하는 공기의 저항력도 커지게 되기 때문이다. 실험에 의하면 공기 중에서 받는 저항력은 속력의 제곱에 비례$\left(R = \frac{1}{2}C\rho A v^2\right)$하는 것으로 나타난다. 여기에서 C는 물체의 모양에 의존하는 항력계수이고, ρ는 공기의 밀도이며, A는 공기와 부딪치는 물체의 단면적이다. 스카이다이버들이 비행기에서 뛰어내릴 때 뛰어내리는 시차가 있어도 같은 높이에서 만나게 되는 것은 바로 공기와 부딪치는 단면적을 달리하기 때문이다. 참고로 물속에서와 같이 속력이 느릴 때에는 저항력이 속력에 비례($R \propto v$)한다. 공기에 의한 저항은 속력에 따라 증가하게 되므로 **경제속도**인 80 km/h로 달릴 때보다 120 km/h로 달릴 때에 공기 저항력이 2배 정도 커지므로 연료 소비량이 그만큼 증가하는 것이다. 그리고 과속은 연료의 불완전 연소에 의한 오염물질의 배출량도 증가시키게 되므로 환경에도 나쁜 영향을 주게 된다.

또 효율성 측면에서는 240 km를 왕복하는 경우에, 갈 때는 60 km/h로 가고 올 때는 120 km/h로 오는 경우 걸리는 시간은

$$(240\ \mathrm{km})\left(\frac{1\ \mathrm{h}}{60\ \mathrm{km}}\right) + (240\ \mathrm{km})\left(\frac{1\ \mathrm{h}}{120\ \mathrm{km}}\right) = 6\ \mathrm{h}$$

즉 6시간으로 계산된다. 반면에 갈 때와 올 때의 평균값보다 느린 80 km/h로 일정하게 왕복을 하게 되면

$$(480\ \mathrm{km})\left(\frac{1\ \mathrm{h}}{80\ \mathrm{km}}\right) = 6\ \mathrm{h}$$

로 같은 시간이 걸리게 된다. 이것은 또 무슨 조화란 말인가? 그 비밀은 바로 평균속력은 $\bar{v} = \frac{v_0 + v}{2}$인 산술평균이 아니고, $\bar{v} = \frac{2v_0 v}{v_0 + v}$인 조화평균으로 계산되기 때문이다. 그러니 위험을 무릅쓰고 과속을 해봐야 돈만 더 들고, 환경을 오염시키며, 피로가 더해질 뿐만 아니라 운행시간도 벌지 못하니 구태여 과속을 할 필요가 없는 것이다. 실제의 경우에는 여기에 엔진 및 타이어 마모도 더 일어나기 때문에 더더욱 비경제적일 것이다.

질문

1 500 m 앞에서 90 km/h로 도망가는 폭주족을 경찰이 110 km/h로 쫒아간다면 얼마 후에 폭주족을 잡을 수 있겠는가?

2 앞서가는 거북이를 토끼는 영원히 따라잡을 수 없다는 역설이 있다. 토끼가 다가가면 그 시간만큼 거북이도 기어가기 때문에 거북이는 토끼보다 항상 앞서 있다는 것이다. 어디에 모순이 있는가?

제3과
왜 포물선운동인가?

공을 멀리 던지기 위해서는 지면과 비스듬한 각도로 힘껏 던져야 한다. 공기의 저항을 무시할 때 손을 떠난 공이 그리는 궤적은 어떻게 될까? 과학이 발달하지 못했을 때 사람들은 물체를 던지면 던진 힘이 다 할 때까지 던져진 방향으로 직선으로 올라가다가 나중에 그 힘이 다 소모되면 중력으로 인해 뚝 떨어진다고 생각하였다. 물론 공을 던진 후 바로 중력이 작용하지 않다가 꼭대기 한 점에서 중력이 작용한다면 그 생각이 맞을 것이다. 여러분은 그렇게 되지 않는다는 것을 잘 알고 있지 않은가? 그렇다면 잘못된 그 생각을 어떻게 하면 바로잡아 줄 수 있을까?

지상에서 움직이는 물체는 지구중력의 영향하에 놓이게 된다. 지구의 중력은 물체에 작용하여 물체의 운동에 변화를 일으키는데 이러한 물체의 운동의 변화를 가속도라 한다. 가속도는 시간에 대한 운동의 변화, 즉

$$가속도 = \frac{운동의\ 변화}{시간} = \frac{속도의\ 변화}{시간}$$

로 정의된다. 따라서 직선도로에서 200 km/h의 일정한 빠르기로 달리

는 자동차나 20 km/h의 일정한 빠르기로 뛰고 있는 마라톤 선수나 그 가속도는 동일하다.

공을 던지면 공의 속도는 지면과 어떤 각 θ를 이루면서 출발하게 된다. 이 속도를 수평 방향과 수직 방향으로 분해하면 공기의 저항을 무시하는 경우 던진 사람의 손을 떠난 후에 공은 수평 방향으로는 더 이상 속도가 변할 요인이 없으므로 등속도운동을 하게 된다. 그러나 수직 방향으로는 아래쪽을 향하고 있는 중력의 영향으로 그 빠르기가 점차 줄어들어 가장 높은 곳에 도달하게 되면 순간적인 수직 방향의 속력은 0이 된다. 그 다음에는 중력 방향으로 가속되어 점점 빠르기가 증가하게 되고 결국 수직 방향으로는 중력의 영향을 받는 등가속도운동을 한다. 그러므로 공은 그림 3.1과 같이 포물선운동을 하게 되는 것이다. 포물선운동을 하는 공은 궤적 위의 한 점에서 접선 방향의 속도성분을 갖게 된다. 따라서 운동하는 물체의 속도의 방향은 항상 경로의 접선 방향을 향하고 있다는 것을 알 수 있다. 그래서 물체를 끈에 매달아 원운동을 시킬 경우 어느 순간에 줄이 끊어진다면 물체는 줄이 끊어진 위치에서 접선 방향으로 날아간다.

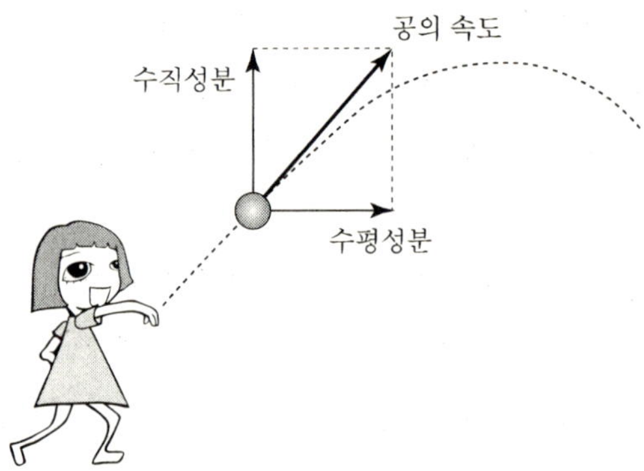

그림 3.1 던져진 공의 운동

그러면 그 공이 과연 얼마나 높이 올라갈지, 또는 멀리 갈지를 결정하는 것은 무엇일까? 던지는 순간의 빠르기가 빠를수록 높이, 멀리 갈

것이란 것은 쉽게 짐작할 수 있지만 던져지는 순간의 지면과의 각도와는 어떤 관계가 있을까? 그 각이 점점 커져 90°가 되면 같은 빠르기에서 가장 높게 올라가겠지만 던져진 그 자리로 다시 돌아와 떨어질 것이 명백하지 않은가? 그림 3.2와 같이 던져진 각도와 도달거리와는 특별한 관계가 있다. 도달거리를 식으로 나타내면 $x = \frac{v_0^2}{g}\sin 2\theta$와 같이 되며, 두 번을 같은 빠르기로 던졌을 때 지면과의 각도가 합이 90°일 경우에는 같은 위치에 도달한다. 예를 들어 같은 빠르기로 50°와 40°로 던지면 같은 위치에 도달하게 된다. 또한 멀리 던지려면 같은 빠르기로 던졌을 때 $\sin 2\theta$의 값이 가장 클 때인 지면과 이루는 각도를 45°로 던져야 한다. 실제로는 공기의 저항 때문에 53°일 때가 가장 멀리 나아가는 것으로 알려져 있다.

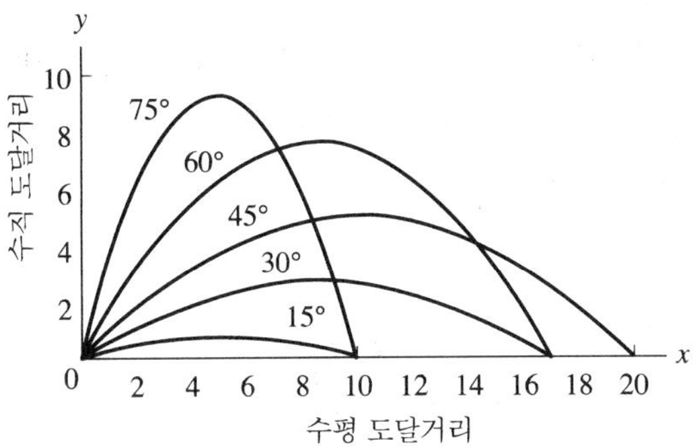

그림 3.2 던져진 각의 합이 90°인 경우 같은 거리를 간다.

시간에 대한 운동의 변화, 즉 시간에 대한 속도의 변화인 가속도에 대해서 더 살펴보기로 하자. 가속도와 운동의 방향과의 관계에 대해서 살펴보면,

첫째, 처음에 10 m/s로 달리던 자동차가 2 s 후 30 m/s가 되었다면 가속도는 10 m/s^{2}이고 빠르기는 빨라졌다.

둘째, 처음에 30 m/s로 달리던 자동차가 2 s 후 10 m/s가 되었다면 가속도는 -10 m/s^{2}이고 빠르기는 느려졌다.

셋째, 처음에 −10 m/s로 달리던 자동차가 2 s 후 −30 m/s가 되었다면 가속도는 $-10\ m/s^2$이고 빠르기는 빨라졌다.

넷째, 처음에 −30 m/s로 달리던 자동차가 2 s 후 −10 m/s가 되었다면 가속도는 $10\ m/s^2$이고 빠르기는 느려졌다.

위의 결과에서 가속도의 부호와 빠르기에는 어떤 공통점이 있는가? 물체의 빠르기와 가속도의 부호에는 아무런 관계도 없으며 가속도의 부호와 속도의 부호를 비교하여 같으면 빨라지고 다르면 늦어진다는 것을 알 수 있다. 그러므로 가속도의 부호만으로는 물체의 빠르기를 말할 수 없다.

정의에서 가속도는 운동의 변화를 그 걸린 시간으로 나눈 값이다. 속도는 벡터이므로 속도가 변한다는 것은 크기인 빠르기나 운동의 방향, 즉 속도의 방향이 변한다는 것이다. 그러므로 가속도가 생기는 원인은 운동 방향은 일정한데 빠르기가 변하거나[그림 3.3(a), (b)], 빠르기는 일정한데 운동방향이 바뀌거나[그림 3.3(c)], 운동 방향과 빠르기 모두가 변하는 세 가지의 경우가 있다.

(a) (b) (c)

그림 3.3 가속도가 생기는 원인

높은 곳에서 물체를 놓으면 그 빠르기는 어떻게 될까? 결과는 중력가속도의 영향으로 시간이 흐를수록 점점 빨라지게 되며($v = v_0 + gt$, v는 나중속도, v_0는 처음속도, g는 9.8 m/s^{2}인 중력가속도, t는 시간), 그때까지 떨어지는 높이는 시간의 제곱에 비례$\left(h = v_0 t + \frac{1}{2}gt^2\right)$하게 된다. 그런데 지상 1000 m쯤에서 떨어지기 시작하는 빗방울의 빠르기를 계산해 보면 지상에 도달하는 순간에는 140 m/s(504 km/h)나 되는데 왜 그다지 큰 충격을 주지 못하는 것일까? 이것은 앞의 제2과에서 잠깐 살펴 본 바와 같이 빠르기가 증가하게 되면 그 운동을 방해하는 힘, 즉 공기의 저항력이 속도의 제곱에 비례하여 커지기 때문이다. 빠르기가 증가하여 중력과 공기의 저항력이 같아지는 순간부터 빗방울은 일정한 빠르기로 떨어지기 때문에 그 정도의 속도가 주는 충격을 우리는 견딜 수 있다. 이러한 일정한 빠르기에 도달하였을 때를 **종단속도**라고 한다.

또 깃털과 동전을 같은 위치에서 동시에 놓아 주면 동전이 깃털보다는 훨씬 먼저 바닥에 떨어진다. 이것은 두 물체의 항력계수의 차이로 인해 두 물체의 가속도가 달라지기 때문이다. 공기가 없는 조건에서는 두 물체의 낙하 속도가 같은데 이렇게 공기의 저항이 무시되는 물체의 낙하를 **자유낙하**라고 한다.

앞에서 공부한 포물선운동을 하는 물체가 지면에 도달했을 때 지면과 닿지 않도록 계속 터널을 뚫어주면 어떤 운동을 하게 될까? 그림 3.4에서 보는 바와 같이 지구 중심을 하나의 초점으로 하는 타원운동을 하게 된다. 우리는 그 타원운동의 윗부분만을 보게 되는 것이므로 포물선 운동이라고 단정짓게 되는 것이다. 속력을 증가시키게 되면 더 큰 타원, 즉 더 큰 포물선을 그리게 되고, 이렇게 속력에 따라 타원이 점점 커지다가 어떤 속력에서는 원운동이 되며 이때는 물체가 떨어지지 않고 지구를 돌게 되는데 이것이 인공위성의 원리이다. 또한 더욱 속력이 증가하면 더 큰 타원이 되다가 마침내는 지구의 인력권을 벗어나게 되는 것이다.

공기의 저항을 무시하는 경우 내가 던진 공이 지구를 한 바퀴 돌아서 내 뒤통수를 때릴 수 있을까? 산 위에 올라가서 공을 수평 방향으로 던진다면 공은 포물선의 정점에서부터 운동을 한 것과 같으므로 반쪽 포물선운동을 할 것이다. 공의 빠르기를 점점 더 크게 던지다 보면 더 멀리 더 멀리 가다가 나중에는 떨어지지 않고 지구를 한 바퀴 돌게 된다. 4.9 m 높이에서 8 km/s로 던지면 1초 후 공은 8 km/s를 갔지만 떨어지지는 않고 있다. 왜냐하면 공을 자유롭게 놓아주면 1초 동안에 떨어지는 높이는 $h=\frac{1}{2}gt^2$에서 4.9 m이므로 지면에 닿지 않고 계속 수평 방향으로 운동을 하고 있는 것이다. 지구의 편평도는 수평 방향으로 8 km를 전진하면 지구 표면과 4.9 m의 차이가 생긴다. 그러므로 8 km/s로 공을 던진다면 공은 지구를 한 바퀴 돌아 내 뒤통수를 때리게 된다.

그러면 앞에서 살펴본 바와 같이 공을 8 km/s보다 점점 더 빠르게 던져 보면 어떻게 될까? 그림 3.4에서처럼 이번에는 8 km/s보다 느린 빠르기일 때의 타원보다 더 큰 타원을 그리다가 11.2 km/s가 되면 지구의 인력권을 벗어나게 된다. 이러한 빠르기 11.2 km/s를 지구 인력에서의 **탈출 속도**라고 한다.

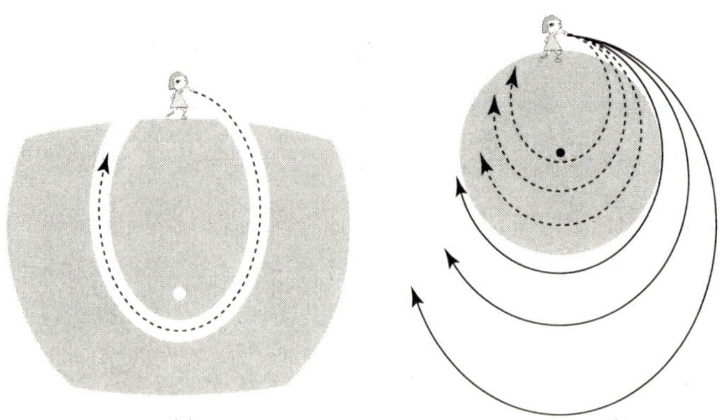

(a) (b)

그림 3.4 (a) 던져진 물체의 운동궤적은 지구 중심을 초점으로 하는 타원운동이다.
(b) 속력을 증가시켰을 때의 궤적

또 한 가지 재미있는 사실은 현재의 위치에서 아래로 지구의 중심을 관통하는 터널을 뚫어 놓고 물체를 떨어뜨리면 어떻게 될까? 지구 중심에 가까워질수록 속력이 증가하다가 중심을 지나게 되면 속력이 줄어들어 반대쪽 지구 표면 근처에 도달하면 속력이 0이 되었다가 다시 또 반대방향으로 떨어지기 시작할 것이다. 즉 왔다 갔다 진동을 하게 된다.

그러나 실제로 현재의 과학기술로 인간이 도달한 최대 깊이는 잠수함으로 내려간 마리아나 해구의 10 km 정도이고 지면을 뚫고 들어간 깊이는 아직 10 km가 안 된다. 지표에서 10 km 아래로 내려가면 맨틀에 도달하게 되는데 2012년쯤에 도달할 것으로 기대하고 있다. 그러면 왜 깊숙이 뚫으려고 하는 것이며 지각을 뚫고 들어가는 것은 또 왜 그렇게 어려운 것일까? 지진이 자주 발생하는 지점에 각종 계측기를 설치하면 지진을 실시간으로 감시하여 발빠른 대처가 가능하기 때문에 지각 깊은 곳 맨틀 근처까지 굴착을 하려는 것이다. 그리고 육지 쪽 지각은 두께가 평균 35 km 정도이기 때문에 지진이 일어나는 단층까지 도달하려면 아주 깊이 파야 하므로 두께가 6 km쯤으로 상대적으로 얇은 해양에서 시추한다. 이러한 시추가 어려운 첫 번째 이유는 시추할 때 가스층이 있으면 가스가 시추선까지 올라와 시추선 전체가 폭발할 위험성이

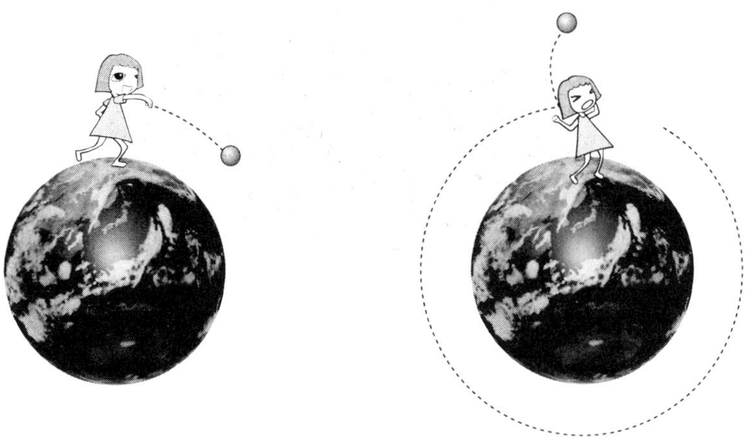

그림 3.5 높은 산꼭대기에서 공을 8 km/s로 던지면 지구를 한 바퀴 돌아 내 뒤통수를 때린다.

있기 때문이다. 두 번째 이유는 드릴로 지반을 뚫을 때 생기는 파편을 제거하기 위해 파편을 빼내면 시추공이 빈 공간으로 남아 있게 되고 압력에 의해 시추공이 붕괴된다. 이때 바닷물을 채워 붕괴를 막을 수도 있지만 시추 깊이가 깊어지면 땅 속에 비해 압력이 낮아 쉽게 붕괴된다. 그래서 시추공 속에 가는 입자의 진흙을 넣어가며 파편을 제거해야 하는데 이 진흙은 지름이 60 μm보다 작은 특수 진흙이기 때문에 이 진흙의 제작 기술이 대단히 어렵다. 세 번째 이유는 10 km 깊이는 한번에 뚫지 못하고 여러 번에 나누어 뚫게 되는데 각 단계마다 시멘트로 굳혀 통로를 만들면서 뚫어야 한다. 이때 시멘트가 빈 공간 없이 잘 성형되도록 하는 것이 쉬운 문제가 아니다. 이러한 이유로 지름이 12,800 km나 되고 게다가 지각 밑에는 액체상태의 맨틀과 외핵이 있으며 짐작도 안 되는 밀도인 내핵을 지나 지구를 관통하는 터널을 뚫는다는 것은 거의 불가능한 일인 것이다.

그림 3.6 시추선의 모습. 왼쪽의 기중기와 비교해 보면 그 크기가 짐작된다.

질문

1 어떤 자동차 회사에서 만든 자동차는 정지 상태에서 100 km/h로 가속되는 데 5.5 s가 걸린다고 한다. 이 자동차의 가속도는 얼마나 될까?

2 권총을 수평으로 발사하여 탄환이 수평 방향으로 운동하게 함과 동시에 다른 탄환을 같은 높이에서 떨어뜨렸다. 두 탄환 중 어느 것이 먼저 지면에 도달하겠는가?

3 일정한 빠르기로 달리는 기차 안에서 공을 떨어뜨렸을 때 (1) 기차 안에서 보는 공의 운동을 설명하라. (2) 기차 밖에서 보는 공의 운동을 설명하라. (3) 기차에서 뛰어내릴 때 비교적 안전하게 뛰어내리려면 기차가 달리는 방향과 어떤 방향으로 뛰어야 하겠는가?

제4과
힘이란 무엇인가?

힘(force)은 물체의 운동의 원인이 되거나 물체의 형태를 변화시키는 것으로써 크기와 방향이 있는 벡터량이다. 일반적으로 힘과 물체의 운동을 연관지어 역학을 다음과 같이 분류한다. **운동학**(Kinematics)은 물체의 운동만을 살펴보는 것으로 앞의 제2, 3과에서 공부한 것이다. **동역학**(Dynamics)은 물체의 운동을 물체의 운동에 영향을 주는 힘과의 관계 또는 질량과 같은 물리적인 개념과의 관계를 연구하는 분야이다. 또 **정역학**(Statics)은 물체에 힘이 작용하여 물체의 형태가 변화되는 것을 연구하는 분야이다.

힘의 종류에는 (1) 질량을 갖고 있는 물체들 사이에 작용하는 힘인 중력(만유인력), (2) 방사성 물질의 자연붕괴에 관계되는 약한 핵력, (3) 전기 또는 자기를 띠고 있는 물체들 사이에 작용하는 힘으로 전자기력, (4) 원자핵 내에서 양성자 간의 반발을 통제하는 강한 핵력이 있다. (1)에서 (4)의 순서로는 크기가 비교할 수 없을 만큼 커지는데, 일정한 거리로 떨어져 있는 전기를 띈 두 전자 사이에 작용하는 만유인력을 1이라 놓을 때 전기력은 10^{37} 정도가 되므로 그 크기는 비교할 수 없을 만큼 차이가 난다. (4)에서 (1)의 순서로는 그 힘이 미치는 영역이 대단히 커지게 된다. 강한 핵력은 원자핵을 벗어나게 되면 0이 되는 데 비해

그림 4.1 다양한 물체에 작용하는 힘(왼쪽: 접촉력, 오른쪽: 장력).

만유인력은 우주 끝까지도 영향을 미친다.

힘의 또 다른 종류에는 그림 4.1에서 보듯이 접촉력(contact force)과 장력(field force)이 있다. 접촉력(接觸力)은 힘이 전달되기 위해서는 물체와 접촉이 있어야 하는 경우의 힘이고, 장력(場力)은 자신의 힘이 미치는 영역 안으로 다른 물체가 들어왔을 때 그 물체의 운동에 영향을 주는 힘이다.

뉴턴(Newton)은 물체의 운동을 세 가지 법칙으로 설명하였는데, 그것이 유명한 **뉴턴의 운동법칙**이다.

아리스토텔레스(Aristotles)는 "모든 물체의 자연스러운 상태는 정지 상태이기 때문에 움직이는 물체는 결국 정지하게 된다. 그래서 물체가 계속 운동을 하려면 힘을 주어야 한다."라고 하였다. 그러나 갈릴레이(Galilei)는 "모든 물체는 하던 운동을 계속하려는 성질이 있다. 물체가 멈추는 것은 멈추게 하려는 힘이 작용하였기 때문이다. 그래서 멈추게 하려는 힘이 없다면 물체는 운동을 영원히 지속할 것이다."라고 하였다. 뉴턴은 갈릴레이의 설명을 보완하여 제1법칙으로 설명하였다.

제1법칙은 **관성의 법칙**으로, 물체는 운동을 방해하는 힘이 없다면 현재의 운동을 그대로 유지한다는 것이다. 여기에서 **관성**(inertia)이라는 말은 '현재의 운동 상태의 변화에 저항하는 성질'을 뜻한다. 볼링공과 축구공을 탁자 위에 올려 놓고 배트로 치면 축구공보다는 볼링공의 움직임이 훨씬 적은데 그것은 볼링공의 관성이 축구공의 관성보다 상당히 크기 때문이다. 관성이 크다는 것은 움직이게 하는 데 큰 힘이 필요하다는 것을 의미한다. 이러한 관성을 양으로 표현한 것이 **질량**(mass)이다.

제2법칙은 **속도·가속도의 법칙**이다. 물체에 작용하는 힘과 가속도는 비례하고 일정한 힘에 의한 가속도는 질량에 반비례한다는 것이다 ($F=ma$). 즉, 물체에 힘이 작용하면 물체는 힘의 방향으로, 작용하는 힘의 크기에 비례하는 운동의 변화를 일으킨다는 의미이다. 실제로 힘은 물체를 가속시킬 수 있는 것이며, 힘이 커지면 더 큰 가속도를 만든다. 때때로 물체에 작용하는 힘이 한 개 이상일 경우가 있는데, 이 경우에 '물체에 작용하는 알짜힘'이란 표현을 사용하게 된다. 알짜힘이란

그림 4.2 링이 위쪽으로 끄는 힘이 여학생의 무게와 같아야 가속도가 0이 된다.

물체에 작용하는 힘의 벡터합을 말한다. 만약 물체에 작용하는 알짜힘이 0이면 어떤 일이 일어날까? 물체에 작용하는 알짜힘이 0이므로 물체의 가속도는 0이 된다. 물체의 가속도가 0이 되는 이러한 상태를 **역학적**(정적인) **평형상태**에 있다고 한다. 가속도가 0인 상황은 물체가 정지해 있거나 일정한 빠르기(등속도)로 움직이는 경우 모두를 포함한다. 그림 4.2와 같이 여학생이 링에 매달려 있기 위해서는 여학생의 무게와 링이 위쪽으로 끌어주는 힘이 같아야 한다.

힘은 질량과 가속도의 곱으로 정의하므로 힘의 단위는 [kg · m/s^2]인데 이것을 SI 단위계에서는 Newton[N]이라 한다. 제1법칙에서 설명하였지만 질량은 물체가 갖는 관성의 크기이다. 그러면 흔히 질량과 혼동하여 사용하는 **무게**(weight)란 무엇일까? 무게는 '지구가 물체에 작용하는 힘'이라 정의한다. 저울 위에 올라갔을 때 저울에 나타나는 눈금은 지구가 나를 끌어당기는 힘인 무게인 것이다. 이때 무게는 식으로 $w = mg$로 쓰는데, 여기에서 g는 제3과에서 나왔던 중력가속도라 부르는 것이며, 크기는 9.8 m/s^{2}이고 지구 중심을 향하는 방향이다. 높은 곳에서 지구를 향해 떨어지는 물체가 공기의 저항력과 같은 힘들이 작용하지 않고 오로지 중력에 의해서만 떨어지고 있다면, 즉 가속도가 g이면 물체는 제3과에서 공부한 **자유낙하** 상태에 있게 되는 것이다.

제3법칙은 **작용 · 반작용의 법칙**이다. 물 위에 떠 있는 보트 위에서 벽을 밀면 힘의 방향으로 운동의 변화가 일어나야 하므로 벽이 밀려야 하는데 실제로는 그렇지 않다. 이것은 힘은 항상 한 쌍으로 존재하기 때문이며 가해준 힘을 작용력, 그것에 반하는 힘을 반작용력이라 부른다. 작용력과 반작용력은 크기가 같고 반대 방향이며, 서로 다른 물체에 작용하고, 동일 직선상에 있으며, 접촉하지 않아도 작용한다. 대부분 물체의 움직임은 작용 · 반작용의 법칙으로 설명할 수 있다. 자동차가 굴러가는 이유는 타이어가 도로를 미는 힘에 대한 반작용으로 도로가 타이어를 밀어주기 때문이다. 그림 4.3은 여러 경우의 작용과 반작용을 보여준다.

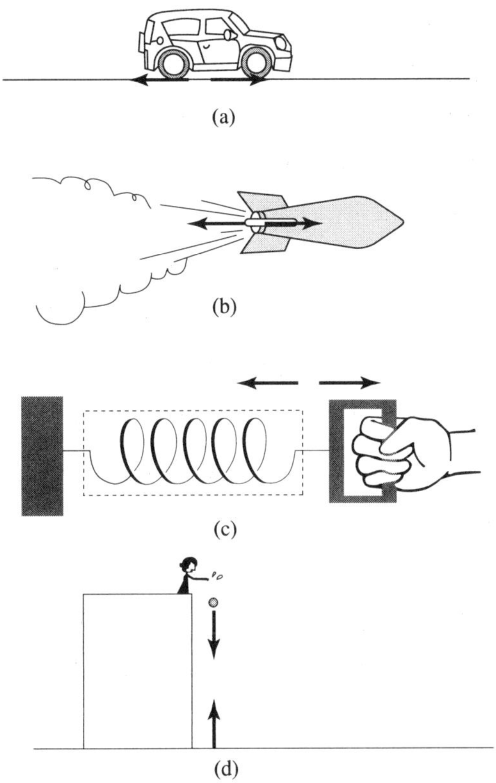

그림 4.3 작용과 반작용의 여러 가지 예. (a) 바퀴가 도로를 미는 힘에 대해 도로가 바퀴를 밀어준다. (b) 로켓이 기체를 미는 힘에 대해 기체가 로켓을 민다. (c) 사람이 용수철을 당기는 힘에 대해 용수철이 사람을 당긴다. (d) 지구가 공을 끌어당기는 힘에 대해 공이 지구를 끌어당긴다.

정지해 있는 자동차 실내에서 자동차의 앞쪽을 힘껏 밀어도 자동차가 움직이지 않는 이유는 무엇일까? 물체의 운동에 변화가 있기 위해서는 물체 외부로부터의 힘이 필요한데 자동차 안에서 가해준 힘은 외력이 아니기 때문에 운동의 변화가 없는 것이다. 그렇다면 밀어준 그 힘은 어떻게 되었을까? 자동차 앞쪽을 미는 힘 1(→)에 대한 반작용으로 자동차 앞쪽에서 나를 미는 힘 2(←)가 있고, 자동차 앞쪽을 밀어주기 위해서는 자동차 바닥을 지지하여 힘을 주게 되므로 바닥에 주는 힘 3(←)에 대한 반작용은 자동차 바닥이 나를 밀어주는 힘 4(→)이다.

작용·반작용에 의한 힘은 다른 물체에 작용하므로 서로 상쇄되지 않지만 힘 1과 힘 3, 힘 2와 힘 4는 같은 물체 안에서의 힘이므로 서로 상쇄되어 자동차 내부에서의 힘은 의미가 없어지는 것이다.

야구배트로 힘껏 유리창을 치면 유리창은 깨질 것이 확실한데 이때 야구배트가 받는 힘이 클까 아니면 유리창이 받는 힘이 클까? 또 소형 승용차와 덤프트럭이 마주보고 달리다가 정면충돌을 하게 되면 어느 자동차에 타고 있어야 비교적 안전한가? 두 자동차가 받는 힘은 작용·반작용의 쌍이므로 그 크기는 같다. 그러나 같은 힘을 받더라도 질량이 큰 덤프트럭은 운동의 변화(가속도)가 훨씬 작기 때문에 비교적 안전하다. 60 ms 동안 50 g 정도(105 km/h로 달리다가 그 자리에 멈추는 정도)의 가속도에 노출되면 치사량이 50%에 이르거나 머리에서 척추로 이어지는 신경이 끊어지는 비율이 거의 100%에 이르는 것으로 알려져 있다. 하물며 소형 승용차는 충돌 후 뒤로 밀려나게 되므로 가속도가 훨씬 크다는 것은 말할 필요도 없고 게다가 심하게 찌그러지기까지 하므로 그 위험 정도는 대단한 것이다.

운동하거나 운동하려는 물체에 작용하여 운동에 큰 영향을 주는 힘인 마찰력에 대하여 살펴보자. 마찰력이 없다면 에너지 손실이 없어 이상적인 기계를 만들 수 있지만 마찰력이 없다면 평소에 우리가 하는 행동의 거의 전부를 할 수 없게 된다. 뿐만 아니라 볼트를 고정시킬 수가 없으므로 접착제나 테이프가 아니고는 물체를 연결하기가 어려우니 유기적인 힘의 전달이 불가능해지기도 한다. 마찰력은 접촉하고 있는 두 물체에서 한 면이 다른 면 위를 미끄러지려 하거나 미끄러질 때 나타나는 힘이며, 마찰력은 항상 물체의 운동을 방해하는 방향으로 나타난다. 마찰력은 두 물체의 재질이나 압력 또는 접촉면 사이의 불규칙성에 따라 달라진다. 마찰력의 본질은 접촉한 면의 거칠기(10% 이하)에 의한 것, 접촉면의 분자 간의 인력으로 대칭적이지 못한 분자들에 의한 **반데르발스 힘**(30% 이하), 접촉면의 원자 간 접촉에 의한 **냉용접**(70% 이하) 현상이다.

마찰의 종류에는 미끄럼마찰과 구름마찰이 있는데 접촉면의 단면이 면일 경우에는 미끄럼마찰이고, 한 단면 이상이 원일 경우에는 구름마찰이라 한다. 미끄럼마찰에는 건조마찰, 유체마찰, 경계마찰의 세 가지 종류가 있으며 건조마찰은 마찰력을 줄여주기 위해 윤활제를 사용하지 않았을 경우의 마찰이다. 유체마찰은 마찰력을 줄이기 위해 윤활유를 사용한 경우이고, 이때 사용한 윤활유의 점도가 마찰력을 좌우하게 되므로 완전 마찰이라고도 한다. 경계마찰은 윤활유가 칠해져 있을 때 접촉면에 압력이 가해지면 윤활유가 빠져 나오고 접촉면에는 윤활유와 접촉면의 분자끼리 결합한 층이 형성되어 일어나는 마찰을 일컫는다. 실험적으로 미끄럼마찰력은 물체의 무게에 비례하고, 방향성과 변형을 무시하면 접촉면의 넓이와 무관하며, 접촉면의 성질에만 관계되는 것으로 알려져 있다. 또한 마찰력은 속도와 무관하며 미끄러지기 시작할 때의 마찰력(정지마찰력)은 미끄러지고 있을 때의 마찰력(운동마찰력)보다 크다.

마찰은 물체와 접촉한 것이 유체일 때에도 나타나는데, 유체의 마찰은 유체의 성질에 밀접하게 관계된다. 유체와의 마찰에서는 마찰력이 두 물체의 상대적인 속도의 차이와 접촉면의 넓이에도 관계된다. 배가 움직이고 있을 때 앞 혹은 옆으로 밀어내는 물의 양은 배의 크기나 속도에 관계가 있다는 것을 생각해 보면 쉽게 유추할 수 있다. 최근의 연구 결과에서 보면 유체의 흐름이 상대적으로 매끈할 경우 마찰력이 속도에 비례하지만 어떤 속도 이상이 되면 물체 표면에서 발생되는 와류의 영향으로 인하여 마찰력이 극적으로 증가하게 되고 속도와 마찰력의 관계를 구명하기 어렵게 된다. 컨테이너선의 경우에 연료비의 대부분은 마찰저항에서 발생되기 때문에 마찰력이 아주 작은 돌고래의 피부와 같은 도료의 개발에 관심을 갖는 연구 그룹도 있다. 돌고래의 피부는 윤활성이 있어 마찰저항이 적은 동시에 따개비와 같은 부착성 패류의 부착을 어렵게 하며 작고 부드러운 돌기는 와류를 일어나지 않게 하는 등의 특징을 갖는다. 이러한 돌고래 피부와 같은 꿈의 도료를 개발할 수 있을까?

(a) (b)

그림 4.4 (a) 스피드 경주용 타이어, (b) 일반 타이어

자동차 타이어와 도로 사이의 마찰은 구름마찰이면서 접촉한 두 물체가 변형되거나 방향성을 갖는 마찰이다. 스피드 경기용 자동차의 타이어는 광폭이면서 무늬가 없는 것을 사용하는 이유가 무엇일까? 타이어의 무늬는 마찰력의 크기를 결정하는 데 큰 영향을 준다. 건조한 도로에서 무늬가 없는 타이어는 무늬가 있는 일반 타이어보다 접촉 면적이 크기 때문에 정지마찰력이 크다. 접촉 면적이 크다는 것은 최대 정지마찰계수가 생길 가능성이 커지는 것이므로 접촉 면적이 클수록 마찰력이 커지는 것이다. 왜 그런가 하면 타이어의 저항은 압력이 큰 부분인 가장 많이 눌리는 부분에서 가장 커지므로 접촉 면적이 커지면 많이 눌리는 부분이 나타날 가능성이 커지기 때문이다. 따라서 자동차의 무게, 도로 조건 등 모든 조건이 같은 경우에 광폭 타이어가 제동력이 크기 때문에 스피드 경주용 자동차의 타이어는 무늬가 없는 넓은 타이어를 쓰는 것이다.

그러나 도로면이 젖어 있는 경우에는 상황이 틀려진다. 도로에 습기가 있으면 도로와 타이어 사이에 수막이 형성되어 마치 자동차가 물 위에 떠 있는 것과 같은 현상인 **수막현상**이 일어난다. 이때 무늬가 있는 타이어는 무늬 사이가 물이 빠져나갈 수 있는 통로를 제공하기 때문에 도로와 직접적인 접촉이 유지된다. 따라서 무늬 있는 타이어가 무늬 없는 타이어보다 안전하기 때문에 일반 자동차의 타이어는 무늬 있는 것을 사용한다. 그러나 일반 타이어도 도로가 젖어 있을 때 과속을 하면 무늬 사이로 물이 빠져나갈 시간을 주지 못하기 때문에 발생하는 수막현상으로 인하여 대단히 위험하다.

질문

1 달에 사는 친구와 전화 통화를 하였는데 친구가 어떤 경연대회에서 1 N의 금을 상으로 받았다고 자랑하였다. 지구에 있는 당신도 같은 경연대회에서 1 N의 금을 상으로 받았다. 친구가 금을 갖고 지구로 돌아왔을 때 누가 더 부자일까?

2 버스 운전기사가 버스를 운행 중에 급브레이크를 밟았다. 버스에 타고 있던 승객 중 한 사람이 버스 앞쪽에서 물체가 날아와 머리를 다쳤다고 손해배상을 청구하였다. 당신이 판사라면 어떤 판결을 하겠는가?

3 요즘의 디지털 캠코더는 소형이고 경량화되었다. 이러한 작고 가벼운 캠코더의 단점은 무엇일까?

4 자동차가 빙판 길 위에서 미끄러질 때 브레이크를 밟으면 안 되는 이유는 무엇일까?

제 5 과
충돌이란?

학생들에게 '충돌이 무엇인가?' 라는 질문을 하면 '부딪치는 것'이라고 대답한다. 단순히 두 물체가 부딪치는 것을 충돌이라 한다면 부딪치지 않는 것은 충돌이 아니라는 말과 같다. 충돌은 '아주 짧은 시간 동안 대단히 큰 힘이 작용하여 사건의 전과 후를 명확하게 구별할 수 있는 것'이라 정의한다. 그러므로 막대자석을 놓고 다른 막대자석으로 같은 극을 향해 밀어주면 부딪치지 않더라도 어느 정도 가까워지면 서로 밀쳐내는 것을 볼 수 있는데 이것도 충돌인 것이다. 또 금원자핵을 향해 알파입자를 쏘아주면 정면으로 다가가다 정전기적인 반발력에 의해 금원자핵 근처에서 되돌아 나가고, 빗겨가는 경우는 그 운동경로가 휘어진다. 이러한 것도 충돌의 관점에서 해석을 한다.

충돌에서 중요한 개념은 **선운동량**($p = mv$)이라고 하는 물리량이다. 마찰이 없는 비탈길 위에서 덤프트럭과 세발자전거가 동시에 움직이기 시작하면 두 물체는 같은 속도로 비탈길을 내려가게 된다. 비탈길의 각도를 서서히 증가시켜 90°의 절벽이 되는 순간 놓아주면 공기저항을 무시할 경우 두 물체가 같은 속도로 떨어지는 것과 마찬가지로 마찰이 없는 비탈길에서의 빠르기는 같다. 그런데 이때 비탈길 아래에서 두 물체 중 하나를 막아서 세우라면 당연히 세발자전거 쪽을 택하지 않겠는가?

이것은 속도와 질량과의 곱인 충격량(운동량)의 차이 때문이다. 운동량과 충격량은 같은 물리량이고, 이것을 **충격량-운동량 정리**($\Delta \boldsymbol{p} = \boldsymbol{F}\Delta t$)라고 한다.

Newton의 운동의 법칙 중에서 제2법칙인 속도·가속도의 법칙은 운동량(mv)이 시간에 대해 변하려면 외력이 필요하다는 것이다. 즉, 이것을 식으로 표현하면 $\boldsymbol{F}_{ext} = \frac{d\boldsymbol{p}}{dt}$이다. $\frac{d\boldsymbol{p}}{dt}$는 아주 짧은 시간($dt$) 동안 일어나는 아주 작은 운동량의 변화($d\boldsymbol{p}$)를 나타낸다. 그러므로 $\Delta \boldsymbol{p} = \boldsymbol{F}\Delta t$가 되며 이것이 운동량-충격량 정리인 것이다.

벽돌을 주먹으로 격파하는 경우 가장 큰 충격을 주려면 다음 중 어떤 방법을 선택해야 할까? 첫째, 벽돌을 친 후 주먹을 약간 밀어준다. 둘째, 벽돌을 친 후 주먹을 그 자리에 멈춘다. 셋째, 벽돌을 치는 순간 즉시 주먹을 약간 떼어준다. 이러한 상황은 창문가에 놓아둔 화분이 떨어져 머리에 맞는 경우를 생각해 보면 쉽게 답을 고를 수 있다. 첫 번째의 경우는 화분이 머리에 맞은 후 계속 한 방향으로 진행하는 것과 마찬가지로 무릎을 약간 구부려 주는 것이고, 두 번째는 떨어지는 화분을 그냥 맞고 있는 경우이며, 세 번째는 머리에 맞는 순간 화분이 튀어오르거나 머리로 화분을 받아주는 것이다. 세 번째 경우가 가장 아픔을 느낄 것인데 그 이유는 화분의 운동량의 변화($m\Delta v = mv_f - mv_i$)가 클수록 큰 충격량($\boldsymbol{F}\Delta t$)을 주기 때문이다.

총의 길이가 긴 총과 짧은 총의 총알은 같은 총알을 사용한다고 가정할 때 어느 것이 더 멀리 가겠는가? 당연히 긴 총의 총알이 더 멀리 갈

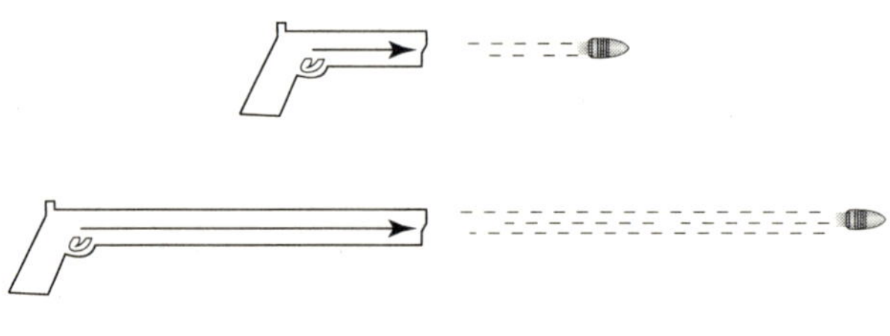

그림 5.1 긴 총과 짧은 총의 총알은 어느 것이 더 멀리 갈까?

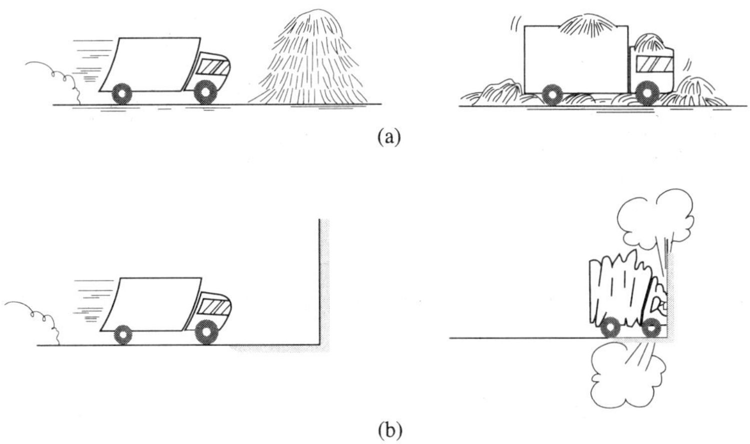

그림 5.2 (a) $mV=Ft$, 긴 시간 동안 운동량이 변하면 충격력은 작다.
(b) $mV=\boldsymbol{F}t$, 짧은 시간 동안 운동량이 변하면 충격력은 크다.

것이다. 그렇지 않다면 총을 굳이 길게 만들 이유가 없지 않겠는가? 그러면 왜 긴 총의 총알이 더 멀리 가는 것일까? 같은 총알을 사용한다고 가정하였으므로 두 총알이 받는 힘은 같을 것이다. 그러나 긴 총은 짧은 총보다 총알에 주는 힘이 긴 총구를 나오는 동안 계속 작용할 것이므로 비교적 길게 작용한다. 즉, 긴 총의 총알이 충격량($\boldsymbol{F}\Delta t < \boldsymbol{F}\Delta t$)을 크게 받고 충격량이 크다는 것은 운동량이 크다는 것이고 운동량이 크다는 것은 질량이 같으므로 속력이 커진다는 것이다. 결국 총구를 빠져나오는 순간의 속력이 긴 총 쪽이 크기 때문에 더 멀리$\left(x = \dfrac{v_0^2}{g}\sin 2\theta\right)$ 가는 것이다.

또 다른 재미있는 사실은 내리막길에서 주행 중에 있는 자동차의 브레이크가 고장이 난 경우 자동차를 세우기 위해서는 어떻게 해야 할까? 이 경우 엔진 브레이크나 사이드 브레이크를 작동할 수 없다고 가정하자. 자동차 앞쪽에 콘크리트벽과 건초더미가 있다면 어느 쪽에 부딪쳐 정지시켜야 안전할까? 달려가는 자동차의 운동량(mv)은 일정하다. 이 운동량은 충격량($\boldsymbol{F}\Delta t$)과 같아야 하는데 건초더미에 부딪쳐 정지할 때까지 걸리는 시간이 콘크리트의 경우보다 상대적으로 길다. 따라서 힘

(a) (b)

그림 5.3 날아오는 주먹을 (a) 물러나면서 맞을 것인가? (b) 들이대며 맞을 것인가?

과 충돌 시간의 곱인 충격량은 같지만 건초더미를 받을 때 받는 힘이 콘크리트를 받을 때 받는 힘보다 훨씬 적다. 즉, 운동량이 일정하므로 충격지속 시간이 길어지면 충격력이 작아지게 되어 그만큼 안전하다고 볼 수 있다. 높은 곳에서 뛰어내려 바닥에 닿을 때 무릎을 굽히는 것이나 맨손으로 야구공을 잡을 때 잡는 순간 손을 약간 뒤로 빼는 것은 모두 같은 이치이다. 배구경기를 할 때 스파이크를 할 때가 스파이크 된 공을 받을 때보다 손이 더 아픈 것도 이런 원리로 설명된다.

외부와 고립되어 있는 두 물체가 직선 위에서 서로를 향해 움직이다가 어느 순간 충돌하였을 경우 상대에게 주는 힘은 작용·반작용의 법칙에 따라 크기가 같고 반대 방향이다. 이때 물체의 각각의 운동량 변화의 합은 원래 각각이 갖고 있던 운동량의 합과 같다. 이것을 **선운동량 보존법칙**($P_i = P_f$)이라고 한다. 선운동량 보존법칙은 외부의 영향이 없는 경우에 사건 전과 후의 운동량이 일정하게 유지된다는 것이다.

고속도로를 달리다 보면 앞 유리창에 작은 곤충들이 부딪쳐 죽게 되는 경우가 많다. 이때 자동차의 운동량의 변화와 작은 곤충의 운동량의 변화는 어느 것이 크겠는가? 그림 5.4를 보면 큰 자동차의 운동량의 변화는 별로 크지 않지만 작은 자동차의 운동의 변화는 상대적으로 크다는 것을 알 수 있다. 그렇지만 충돌 전 두 자동차의 운동량의 합과 충돌 후 운동량의 합은 같다.

그림 5.4 달려오던 두 자동차가 정면충돌한 경우 충돌 전과 후의 운동량은 보존된다.

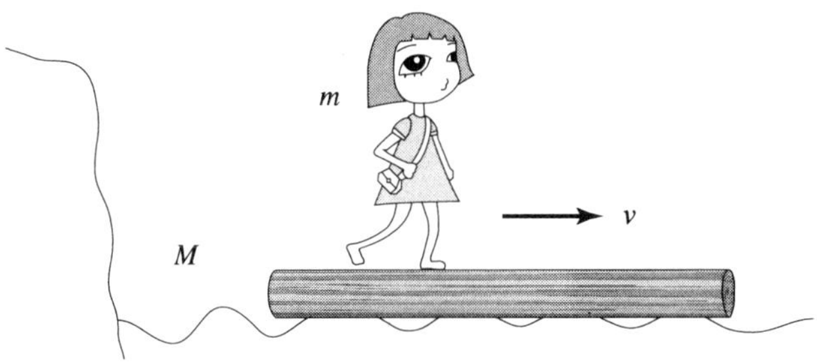

그림 5.5 뗏목 위의 소녀

호수에 떠 있는 뗏목 위의 소녀가 뗏목의 한쪽 끝을 향해 천천히 움직인다면 이때 뗏목의 움직임은 어떻게 되겠는가? 뗏목의 질량과 속도를 각각 M, V, 소녀의 질량과 속도를 각각 m, v라고 하면 움직이기 전의 운동량은 0이고 움직이는 순간의 운동량은 $MV+mv$이므로 $0=MV+mv$에서 V를 구하면 $V=-\frac{m}{M}v$가 되어 뗏목은 소녀와 반대 방향으로 움직인다는 것을 알 수 있다. 이것은 총을 쏠 때의 반동이나 연료를 태워 뒤로 분출시키면 로켓이 앞으로 날아가는 경우에 적용되는 현상이다.

충돌의 종류에는 충돌 전·후의 속력의 비인 반발계수로 비교하면 탄성충돌($e=1$), 비탄성충돌($0<e<1$), 완전 비탄성충돌($e=0$) 등 세 가지가 있다. 선운동량 보존법칙은 어떠한 충돌에서든지 성립되는

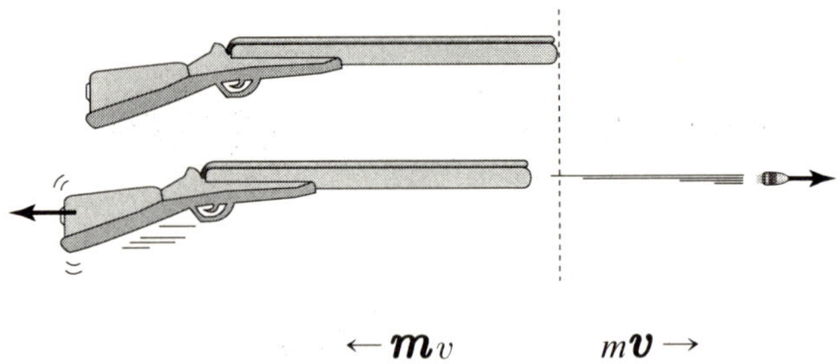

그림 5.6 발사 전의 운동량도 0이고, 발사 후의 운동량도 0이다.

보편적인 법칙이다. 그러나 역학적 에너지 보존법칙은 탄성충돌에서는 성립되지만 나머지 두 충돌에서는 성립되지 않는다. 그림 5.4에서 충돌하는 두 자동차의 총 운동량은 충돌 전이나 후나 같다. 그러나 충돌 후 한 덩어리가 된 자동차가 도로 위를 미끄러지면 도로의 마찰력은 자동차의 운동에너지를 줄여주는 역할을 한다. 천장에 매달려 있는 나무토막을 향해 총을 쏘면 총알이 날아가 나무토막에 박히게 되는데 이때에도 운동량은 보존되지만 역학적 에너지는 보존되지 않는다.

질문

1 얼어붙은 연못에 정장을 한 신사가 서 있다. 얼음판의 마찰력이 0이라고 할 때 어떻게 하면 얼음판을 빠져나올 수 있겠는가?

2 자동차에 장착되어 있는 에어백은 사고 시에 승객을 어떻게 보호하는가?

3 스피드 건이 없던 시절에 2~3명이 한 조인 실험팀이 충돌 현상만을 이용하여 자기네가 던진 야구공의 속력을 측정하였다. 어떻게 측정하였겠는가?

4 날계란을 시멘트벽에 던지면 깨지는데 같은 속력으로 축 늘어져 있는 시트(천)에 던지면 깨지지 않는 이유는 무엇인가?

제 6 과

일과 에너지

에너지란 '일을 할 수 있는 능력'으로 정의되는데, 그렇다면 일이란 무엇일까? 일상생활에서의 일은 물이 가득 차 있는 물통을 들고 계단을 오르락내리락하여 피곤해지는 것과 같은 노동을 일이라 말한다. 그러나 과학적 개념의 일은 '상대의 에너지를 변화시키는 것'을 **일**(Work)이라 정의한다. 의자를 들고 벌을 서는 것은 일이라 할 수 없다. 왜냐하면 의자는 같은 높이에 그냥 머물러 있는 것이므로 에너지의 변화가 없기 때문이다. 또 물통을 들고 교실에서 이리저리 천천히 움직이는 것 또한 일이 아니다. 물통은 바닥으로부터의 높이가 일정하기 때문에 아무런

(a) (b)

그림 6.1 일을 하지 않는 경우

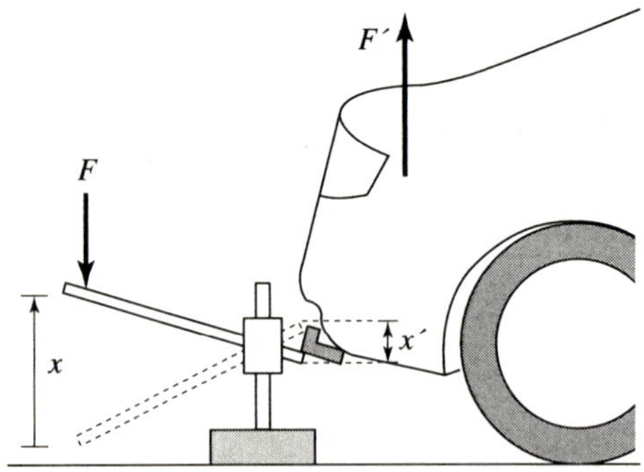

그림 6.2 자동차 jack의 작동원리

에너지의 변화가 없다. 그렇다면 어떤 경우를 과학적 개념의 일이라 할 수 있겠는가? 바닥에 있는 물통을 위로 들어올리거나 위에 있는 물통을 아래로 내려놓는 행위가 바로 일인 것이다.

힘이 작용하여 물체가 움직였다면 일은 물체에 작용하는 힘과 그 힘에 의해서 움직이는 변위와의 곱($W=Fx\cos\theta$)으로 정의된다. 여기에서 θ는 힘과 변위가 이루는 각을 나타내며 θ가 0°이거나 90°이면 W가 0이 된다. 또는 힘의 방향과 변위의 방향이 같은 경우 일은 $W=Fx=ma\cdot x$로 나타내며, 일의 단위는 [N · m = J (Joule)]이다. 자동차 바퀴를 교환할 때 자동차를 들어올리는 jack은 일의 원리를 공학적으로 적용한 하나의 예이다. Jack에 가하는 힘 F와 이동거리 x의 곱은 자동차를 들어올리는 힘 F'과 jack의 이동거리 x'의 곱이 같다는 ($Fx=F'x'$) 것을 이용한 것이다. 이때 여러 번 jack을 눌러 준 거리 x보다는 jack이 움직인 거리 x'이 아주 작은 반면에 큰 힘을 얻어 자동차를 들어올리게 된다.

앞에서 배운 것을 응용하면 가속도 a는 $a=\dfrac{v-v_0}{t}$이고, 변위 x는 가속운동이므로 $x=\bar{v}\cdot t=\dfrac{(v+v_0)}{2}\cdot t$이다. 따라서

$$W=F\cdot x=ma\cdot x=m\left(\frac{v-v_0}{t}\right)\left(\frac{v+v_0}{2}\right)t$$

$$= \frac{1}{2}mv^2 - \frac{1}{2}mv_0^2$$

$$= K - K_0 = \Delta K$$

로 쓸 수 있다. $\frac{1}{2}mv^2$은 운동하는 물체가 갖는 에너지, 즉 운동에너지라 하며 위의 식은 '어떤 힘이 물체에 해 주는 일은 물체의 운동에너지의 변화량과 같다.'는 것이다. 이것을 **일-에너지 정리**라 한다. 따라서 일은 두 가지 종류로 나누어진다. 하나는 역기를 들어올리는 경우와 같이 중력에 대하여 일을 하는 것으로써 다른 힘에 대해 일을 하는 것이고, 또 한 가지는 물체의 속력을 변화시킬 때 하는 일이다.

속도 v로 달리던 자동차가 브레이크를 밟은 후 미끄러진 거리가 d라고 하자. 도로의 운동마찰력이 같다고 가정할 때 속도가 $2v$이었다면 자동차는 얼마나 미끄러질까? 속도가 2배가 되면 운동에너지는 4배가 되므로 미끄러지는 거리는 4배, 즉 $4d$가 된다. 그러므로 과속을 하게 되면 얼마나 위험하겠는가?

에너지의 종류에는 전기에너지, 자기에너지, 열에너지, 원자력에너지, 바람에너지, 태양에너지, 조수에너지 등 상당히 많은데 그 중에 **역학적 에너지**라는 것이 있다. 역학적 에너지는 운동에너지와 위치에너지를 더한 값으로 정의하며, 위치에너지란 물체의 위치에 따라 갖게 되는 에너지이다. 물체는 에너지가 낮은 상태가 안정된 상태이기 때문에 그 안정된 상태에서 벗어나 있으면 원래의 상태로 돌아가려는 성질이 있다. 그때 갖는 에너지를 위치에너지라 한다. 이러한 위치에너지는 중력, 탄성력, 만유인력, 전기력 등이 작용하는 여러 경우에 발생된다.

스키선수가 언덕의 높은 곳에서 활강을 할 수 있는 것은 아래 지역보다는 산 위의 위치에너지가 크기 때문에 중력과 관성만을 이용해 내려갈 수 있는 것이다. 스키선수는 아래로 내려갈수록 중력가속도의 영향으로 점점 빨라지게 되며, 이때 언덕 위에서의 위치에너지가 운동에너지로 전환된다. 그런데 스키 플레이트와 눈 덮인 언덕은 작지만 마찰이

그림 6.3 위치에너지를 이용한 활강

있고 또 공기의 저항력도 있으므로 위치에너지 모두가 운동에너지로 전환되지는 못할 것이다. 즉 위치에너지의 일부는 마찰에 의한 열에너지로 전환되고 나머지가 운동에너지로 바뀔 것이다. 그러나 만약 마찰이나 공기의 저항력이 없다면 어떻게 될까? 그때는 위치에너지 모두가 운동에너지로 전환될 것이다. 이것을 **역학적 에너지 보존법칙**이라 한다. 역학적 에너지 보존법칙은 운동을 방해하는 힘이 존재하지 않는다면 어떤 순간의 운동에너지와 위치에너지의 합이 일정하게 유지된다는 것이다.

마찰력이나 공기의 저항력과 같은 운동을 방해하는 힘 모두를 고려하는 경우는 어떻게 될까? 스키선수가 활강을 하여 내려가고 있는 상황을 살펴보면 산 위에서의 위치에너지는 내려오는 동안 줄어들지만 중간 어느 지점에서는 줄어든 만큼 운동에너지와 마찰과 공기의 저항에 의한 열에너지로 전환된다. 이렇게 에너지의 주체와 형태는 달라지지만 애초에 갖고 있던 에너지의 총량은 변화되지 않고, 즉 늘거나 줄지 않고 일정하게 유지되는 것을 **에너지 보존원리**라고 한다. 에너지 보존원리는 자연계에서 가장 보편적인 원리이다. 앞으로 공부하는 과정에서 에너지 보존원리가 과학에서 얼마나 중요한 위치를 차지하는지 알게 될 것이다. 자동차를 운전하는 동안 에어컨을 틀거나 전조등을 켜거나 카세트를 켜는 각 경우에 그것들을 켜지 않았을 때와 비교하여 연료 소모가 증가하겠는가?

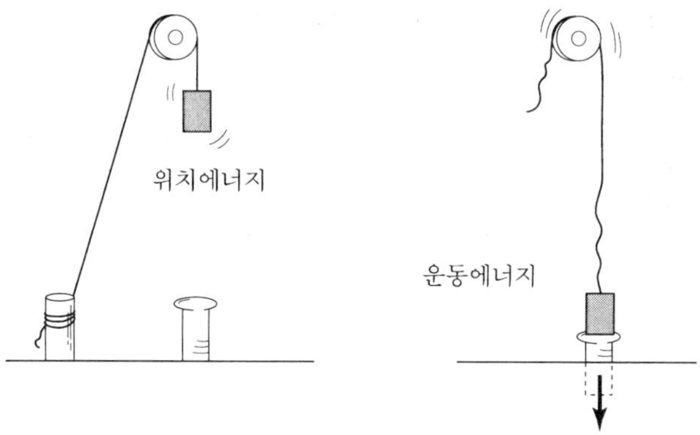

그림 6.4 추의 위치에너지가 운동에너지로 전환됨

앞의 과에서 공부한 운동량과 운동에너지는 어떠한 차이점이 있을까? 두 물리량은 모두 물체의 운동과 관계되는 개념이지만 서로 다르다. 운동량은 벡터량이기 때문에 두 물체가 충돌할 때 서로 상쇄되어 줄어들거나 없어질 수 있다. 그러나 운동에너지는 스칼라량이기 때문에 상쇄되어 없어지는 개념이 아니다. 예를 들어 두 자동차가 정면충돌하여 충돌 후 부서져 뒤엉켜 버려 정지했다면 운동량은 0이지만 운동에너지는 자동차들을 찌그러트리거나 충돌 부분의 열에너지로 전환되는 등 다른 형태로 변환된다.

금속으로 된 총알과 고무로 된 총알을 큰 나무토막을 향해 쏘았을 때 나타나는 효과를 비교해 보자. 금속 총알은 충돌 후 나무토막을 뚫고 들어가므로 고무 총알보다 나무토막에 더 많은 손상을 준다. 운동량보다는 운동에너지의 효과가 크게 나타난다. 그러나 고무 총알은 충돌 후 튕겨 나오므로 운동에너지보다는 운동량의 효과가 크게 나타나 나무토막에 주는 손상보다는 오히려 쓰러트리는 데 효과적일 것이다.

그런데 같은 일을 하더라도 일을 하는 데 걸리는 시간이 얼마인가에 따라서 그 효과가 다르게 나타난다. 예를 들어 100 J의 에너지를 바위에 주기 위해 작은 망치로 여러 번 때리는 경우와 해머로 단 한 번에 치는 경우의 효과는 극적으로 달라진다. 이렇게 시간에 따른 일의 변환 비율을 **일률**(power)이라 정의한다. 자동차의 spec을 보면 배기량 2,000 cc

에 180마력이라는 표현이 있다. 말 180마리가 끌어주는 효과를 낼 수 있다는 것인데 얼마동안 그렇다는 것인가? 자동차 출고 때부터 폐차 때까지를 통틀어 그렇다는 것이 아니고 엑셀레이터를 다 밟았을 때 1초 동안 180마리의 말이 동시에 달리는 것과 같은 효율성을 갖는다는 것이다.

일률에는 평균일률과 순간일률이 있으며 그 정의는 다음과 같다.

$$\text{평균일률:}\quad \overline{P} = \frac{\Delta W}{\Delta t}$$

$$\text{순간일률:}\quad P = \lim_{\Delta t \to 0} \frac{\Delta W}{\Delta t} = \lim_{\Delta t \to 0} \frac{F \Delta x}{\Delta t} = Fv$$

일률의 단위는 [J/s]인데 제임스 와트(James Watt)의 이름을 따서 [W]라고 한다. 가정에서 전기 사용료를 계산할 때 250 kWh라는 양으로 표현하는데 kWh는 어떤 단위일까?

$$1\ \text{kWh} = (10^3\ \text{W})(3600\ \text{s}) = (10^3\ \text{J/s})(3600\ \text{s}) = 3.6 \times 10^6\ \text{J}$$

즉, 사용한 전기에너지를 나타낸다.

오늘날 인류에 의해 소모되는 대부분의 에너지 중 약 20% 정도는 원자력에서 얻고 있지만 나머지 80%는 석유, 천연가스, 석탄 등의 화석연료를 태움으로써 얻는다. 얼마 전까지는 이러한 화석연료의 소비가 전체 매장량을 위협할 정도는 아니었고 환경오염적인 측면에서도 크게 문제가 되지는 않았다. 그러나 전 지구적으로 산업이 폭발적으로 발전하여 소비되는 화석연료가 증가함에 따라 전체 매장량 감소와 환경오염을 심각하게 걱정해야 하는 단계에 이르렀다. 그래서 인간은 영원히 사용할 수 있고, 하나뿐인 지구에 나쁜 영향도 주지 않을 태양에너지와 같은 대체 연료를 찾게 되었다. 그러나 아직까지는 의존도가 빈약하며 에너지 전환 효율도 많이 낮아 비경제적이기도 하다. 여러분은 어떻게 하면 이러한 에너지 문제를 해결하여 두 마리 토끼를 모두 잡을 수 있다고 생각하는가?

질문

1 일정한 거리를 이동할 때 달려가는 것보다 자전거를 타고 가는 것이 더 효과적인 이유는 무엇인가?

2 종이를 자르는 가위는 짧은 손잡이에 긴 날로 되어 있고 철사를 자르는 니퍼는 긴 손잡이에 짧은 날로 되어 있는 이유는 무엇인가?

3 구형 자동차는 속력이 0에서 v로 가속되는 데 10초가 걸린다. 반면 신형 자동차는 같은 시간 동안 속력이 0에서 $2v$로 가속된다. 엔진에서 나오는 에너지가 자동차의 운동에너지로만 전환된다면 두 자동차의 일률의 비는 얼마인가?

제 7 과
만유인력

아리스토텔레스 시대부터 천체의 원운동은 자연스럽게 받아들여졌던 개념이다. 천체의 운동이 원운동이 아니라면, 즉 아무런 힘도 받지 않는다면 달은 지구를 스쳐 지나가 영원히 돌아오지 않을 것이다. 달은 지구의 둘레를 한 달에 한 바퀴씩 공전하고 있다. 원운동에서 생기는 원심력에 의해 달은 지구의 중심에서부터 멀어져야 하는데, 그 공전속도가 1.02 km/s임에도 불구하고 일정한 거리가 유지되는 이유는 무엇일까? (실제로는 3.8 cm/year로 멀어지고 있기는 하다.) 이것은 뉴턴을 괴롭혔던 문제 중의 하나였다. 원심력이라는 힘은 원운동을 하는 물체가 관성에 의해 원의 바깥쪽으로 받는 겉보기 힘이다. 원심력은 구심력과 같은 크기의 반대 방향의 힘이지만 작용 · 반작용의 쌍은 아니다.

여기에서 먼저 원운동의 개념을 정리해 보기로 하자. 자전거를 타고 신나게 달리다 보면 커브 길을 만나게 되는데 멋지게 커브 길을 통과하려면 몸을 어느 쪽으로 기울여야 할까? 이런 회전운동이나 원운동에서는 직선운동에서와 마찬가지로 시간이 변함에 따라 무엇인가 변하는 것이 있다. 즉 각의 변화가 생기게 되는데 시간에 대한 각의 변화를 각속도, 시간에 대한 각속도의 변화를 각가속도라 한다. 일정한 빠르기로 원운동을 하는 경우에도 속도는 일정하지 않다. 매순간 운동의 방향이 변하고

그림 7.1 커브 길을 돌아가는 사이클 선수는 원운동을 하고, 커브의 곡률과 주행속력에 관계되는 각만큼 기울어져 통과해야 한다.

있기 때문에 가속도운동을 하는 것이라고 할 수 있다. 이러한 가속도를 구심가속도라 하는데, 구심가속도는 원운동을 하는 물체의 운동의 방향 변화 때문에 생기는 것이다. 물체의 질량에 구심가속도를 곱한 값 $\left(F = ma_n = \frac{mv^2}{r}\right)$을 구심력이라 하고, 구심력은 원운동의 원인이 되는 힘이다. 따라서 커브 길을 지날 때 돌아가는 쪽으로 몸을 기울여야 중력과 수직항력의 합인 구심력이 생겨 멋지게 커브 길을 통과할 수 있다.

그림 7.2 원운동 하는 캔에 작용하는 힘은(중력을 제외하면) 원궤도의 중심을 향한다.

이것으로 세탁기의 탈수과정을 설명할 수도 있는데, 세탁통 안에서 물에 젖은 빨래들이 회전을 하게 되면 빨래들은 세탁통을 밖으로 밀어

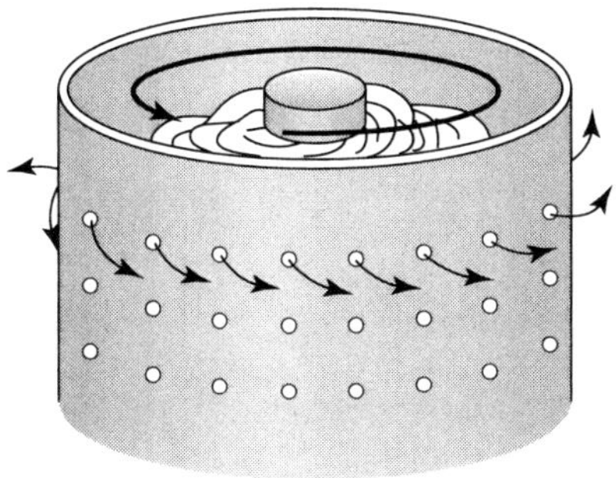

그림 7.3 탈수통 안의 세탁물은 구심력을 제공받지만 물은 구심력을 받지 못한다.

주게 되므로 세탁통 벽으로부터 구심력을 제공받지만 물은 세탁통 벽에 뚫려 있는 구멍 때문에 구심력을 제공받지 못해 밖으로 빠져나가 탈수가 되는 것이다.

고속도로의 커브 길이 커브의 바깥쪽으로 들려져 있는 것이나 자전거 경기장인 벨로드롬의 코너 부분이 비스듬히 들려져 있는 것도 구심력을 제공받기 위한 방편이다. 그렇지 않다면 달려온 속도로 커브를 돌아나가기가 대단히 어렵게 된다. 즉, 자동차나 자전거의 질량과 커브의 회전반지름은 결정되어 있기 때문에 커브를 돌려면 회전속도 $\left(F_{구} = \frac{mv^2}{r}\right)$를 줄여줘야 하는데 자전거 경기와 같은 속도 경기에서 속도를 줄이는 것보다는 경사를 주는 것이 자연스럽지 않겠는가?

태양의 둘레를 돌고 있는 행성들의 운동을 설명하는 **케플러**(Kepler) **의 법칙**은 세 가지로 정리된다. 제1법칙은 **타원궤도의 법칙**으로 태양의 둘레를 돌고 있는 행성의 궤적은 타원이라는 것이고, 제2법칙은 **면적 속도 일정의 법칙**으로 일정한 시간 동안 태양의 둘레를 공전하는 행성들이 휩쓸고 지나가는 면적이 태양의 먼 쪽이나 가까운 쪽이나 같다는 것이다. 따라서 태양의 가까운 쪽을 통과할 때의 공전속도가 먼 쪽을 통과할 때의 공전속도보다 빨라지게 된다. 제3법칙은 **조화의 법칙**인데, 조화의 법칙은 공전주기의 제곱(T^2)과 회전반지름의 세제곱(r^3)이 비례

($T^2 \propto r^3$)한다는 것이다. 케플러의 법칙을 행성의 운동에 적용해 보면 원운동을 하는 행성의 원심력은 두 물체의 거리의 제곱에 반비례 $\left(F_{원} \propto \frac{1}{r^2}\right)$함을 보일 수 있다. 그런데 이 힘과 균형을 이루는 힘, 즉 구심력도 거리의 제곱에 반비례$\left(F_{구} \propto \frac{1}{r^2}\right)$해야 한다는 결론에 도달하게 된다. 이 구심력은 두 물체의 질량에서 기인되는 힘이고 그 크기는 거리의 제곱에 반비례하고 질량의 곱에는 비례한다는 것을 뉴턴은 **만유인력의 법칙**$\left(F_{만} \propto \frac{mM}{r^2}\right)$이라고 이름을 붙였다. 만유인력은 질량을 갖고 있는 모든 물체들 사이에 작용하는 끌어당기는 힘으로 정의된다.

뉴턴이 만유인력의 법칙을 설명한 111년 뒤에 캐번디시(Cavendish)는 만유인력 상수라 불리는 비례상수($G = 6.67 \times 10^{-11}$ $\mathrm{Nm^2/kg^2}$)를 측정하였다. 이와 같이 어떤 물리량이 그 원천으로부터 거리의 역제곱에 비례하여 변할 때 그 물리량은 **역자승(역제곱)의 법칙**을 따른다고 한다. 역자승의 법칙은 자연을 아름답게 유지하는 법칙으로 중력은 물론이고 소리, 빛, 전자기력, 분무기 등에 적용되는 법칙이다. 예를 들어 분무기로 모기약을 분사할 경우 1단위 거리 떨어진 곳에 뿌려지는 면적을 1이라 하면 2단위 거리에 뿌려지는 면적은 4가 되고 3단위 거리는 9이다. 물론 뿌려진 면적밀도는 1단위, 2단위, 3단위 거리에서 각각 1, 1/4, 1/9이므로 뿌려지는 조밀도는 낮아진다.

무중력이란 무엇일까? 말 그대로 중력이 없다는 것인데 어떻게 하면 중력을 지울 수 있는 것일까?

몸무게를 측정하려고 저울에 올라서면 저울의 중요한 부품인 용수철을 이루는 물질 속의 분자들 간의 정전기력과 사람과 지구 사이에 작용하는 만유인력이 균형을 이루게 된다. 이때 나타나는 저울의 눈금이 몸무게이다. 승강기에 타고 있을 때에도 같은 결과를 얻지만 승강기가 위로 올라가거나 아래로 내려가게 되면 저울의 눈금은 어떻게 될까?

그림 7.4 엘리베이터 안에서 경험하는 힘. (a) 멈추어 있을 때에는 정상적인 무게이다. (b) 위로 올라가면 정상적인 무게보다 무겁다. (c) 내려갈 때는 정상적인 무게보다 가볍다. (d) 로프가 끊어지면?

그림 7.4에서 승강기가 위로 올라가게 되면 아래쪽으로 힘이 생기기 때문에 저울의 눈금은 증가하고 아래로 내려가게 되면 저울의 눈금은 감소하게 된다. 그런데 승강기를 지지했던 로프가 끊어지게 되면 어떤 일이 일어나게 될까? 승강기의 로프가 끊어져 자유낙하하게 되면 승강기 내부는 무중력 상태가 된다. 즉, 만유인력은 있지만 받쳐주는 힘이 존재하지 않기 때문에 사람은 중력이 무게라고 느낄 수 없게 된다. 다시 말하면 깃털과 같이 공중에 떠 있다고 느끼게 된다. 우주공간에서의 우주인도 어느 것으로도 받쳐주지 않기 때문에 무중력을 느낀다.

중력은 끌어당기는 힘이고 그 힘에 반하는 힘이 없기 때문에 하나의 방을 중력이 없는 무중력의 상태로 만드는 것은 불가능하다. 즉 중력의 차폐는 불가능하다. 다만 높은 곳에서 떨어지는 경우 잠깐 동안의 무중력을 경험할 수는 있다. 방송통신용인 정지형 인공위성은 항상 그 자리에 떠 있는데도 왜 지구를 향해 떨어지지 않는 것일까? 물론 인공위성과 지구 사이에는 만유인력이 작용하고 있고 인공위성에서 보면 지구쪽으로 끌려가는 방향이다. 그래서 인공위성은 지구중심을 회전중심으로 하는 원운동을 하여 구심력인 만유인력과 비기는 힘을 만들고 있으

그림 7.5 두 경우 모두 무중력 상태를 경험한다.

므로 그 자리에 머물러 있는 것으로 보이는 것이다. 지구의 자전속도와 인공위성의 공전속도를 일치시키는 문제와 지구의 자전도 지축이 회전축과 23.5° 기울어져 있는 문제 등이 있기는 하지만 말이다.

우리는 우리가 살고 있는 지구를 비롯한 달이나 태양이 둥글다는 것을 알고 있다. 그런데 왜 둥근 것일까? 지구는 생성되는 단계에서 자신의 중력 때문에 스스로 수축하였는데 그 결과 모서리가 남지 않고 둥글게 된 것으로 볼 수 있다. 이렇게 만유인력은 다른 물체에만 작용하는 것이 아니고 자신에게도 작용한다. 자신에게 작용하는 만유인력을 중력이라 부르는 것이다. 그런데 태양의 둘레를 공전하는 행성들을 보면 태양과의 만유인력뿐만 아니라 아주 작지만 바깥 궤도를 돌고 있는 다른 행성과의 사이에서도 만유인력이 작용된다. 그 결과 두 행성은 태양을 공전하는 타원궤도에서 약간씩 벗어나게 되는데, 이것을 **섭동**이라 한다. 섭동현상을 이용하여 해왕성과 명왕성의 궤도를 예측하고 발견하기도 하였다.

질문

1 중력은 모든 물체에 작용하며 그 물체의 질량에 비례한다. 그렇다면 왜 무거운 물체가 가벼운 물체보다 빨리 떨어지지 않는가?

2 모든 물체들 사이에 인력이 작용하고 있다. 그런데 바로 옆에 앉아 강의를 듣고 있는 친구에게서는 왜 인력을 느낄 수가 없는가?

3 5층짜리 아파트 옥상에 1 N의 중력이 작용하고 있다. 높이가 2배인 10층짜리 아파트 옥상에서는 중력이 $\frac{1}{4}$ N의 크기가 되겠는가?

4 로켓이 지구에서 달로 가는 경우와 달에서 지구로 오는 경우 중에서 연료는 어느 때가 더 많이 소비되겠는가?

제 8 과
줄타기 서커스

줄타기 곡예사가 높은 곳에서 줄타기를 할 때 양손에 긴 막대를 줄과 나란한 방향이 아닌 줄의 가로 방향으로 들고 균형잡는 것을 본 적이 있다. 곡예사는 왜 긴 막대를 양손에 줄의 가로 방향으로 붙잡고 균형을 잡는 것이 유리하다고 판단한 것일까?

물체에 힘이 작용할 때 힘이 물체의 질량중심(무게중심)을 향한 방향으로 가해지면 물체는 힘의 방향으로 자연스럽게 직선운동을 한다. 그런데 힘의 방향이 질량중심의 방향이 아닌 쪽으로 작용되면 물체는 회전을 하게 된다. 이렇게 물체를 회전시켜주는 힘의 효과를 **토크**(torque),

그림 8.1 줄타기 곡예사는 긴 막대를 가로로 들어야 큰 회전관성을 제공받는다.

힘의 모멘트(moment), **회전능률**이라 한다. 토크는 $\tau = rF\sin\phi$로 정의되는데, ϕ는 r과 F가 이루고 있는 각이며 r은 회전축에서 힘이 작용하는 점까지의 변위이다. 그러므로 물체를 능률적으로 회전시켜주기 위해서는 r과 F의 방향이 90°가 되도록 힘을 가해야 하고, 같은 크기의 힘이 작용한다면 r값이 크면 클수록 회전효과가 좋아지게 된다.

우리는 단단히 박혀 있는 나사를 풀 때 드라이버를 사용하는데, 만일 사용한 드라이버로 나사를 풀지 못했을 경우 다음 중 어떤 드라이버를 사용해야 성공 가능성이 커지겠는가? ① 굵기는 같고 손잡이가 긴 드라이버, ② 굵기는 가늘지만 손잡이가 긴 드라이버, ③ 굵기는 굵지만 손잡이 길이는 짧은 드라이버, ④ 굵기는 같고 손잡이가 짧은 드라이버. 답은 ③번이다. 왜냐하면 손잡이가 굵다는 것은 회전중심에서 힘이 작용되는 위치까지의 거리가 커지기 때문에 토크가 증가하기 때문이며 이때 손잡이의 길이는 문제가 되지 않는다.

자동차를 운전하는 중 급브레이크를 밟으면 자동차의 앞부분이 앞쪽으로 숙여지는데 그 이유가 무엇일까? 반대로 가속을 하면 앞부분이 위쪽으로 들려지는 것도 같은 이유이다. 급브레이크를 작동하면 도로가 자동차 바퀴에 주는 힘의 방향은 진행 방향과 반대가 되고 이 힘은 자동차의 무게중심보다 아래쪽에 작용하므로 시계 방향으로 토크가 생겨 앞부분이 아래쪽으로 숙여지게 되는 것이다.

그림 8.2 자동차 운전 중에 (a) 가속페달을 밟으면 앞부분이 들리고, (b) 브레이크를 밟으면 뒷부분이 들린다.

질량중심은 물체를 구성하고 있는 입자들의 평균적 위치이다. 대칭성을 갖고 있는 야구공과 같은 물체는 공의 중심에 모든 질량이 집중되어 있는 것으로 생각할 수 있다. 그러나 볼링 핀과 같은 비대칭의 물체는 질량중심이 두꺼운 쪽으로 치우쳐 있다. 물체에 외력이 작용하여 운동을 하게 되면 물체는 모든 외력이 질량중심에 작용하는 것처럼 행동한다. 따라서 볼링 핀을 던져 보면 볼링 핀 자체는 질량중심을 축으로 회전하지만 볼링 핀의 질량중심은 포물선궤도 위를 움직인다.

어린이 놀이터에 있는 시소 양쪽에 무게가 다른 두 어린이가 앉아 있다. 시소가 직선으로 균형을 잡고 있으려면 두 어린이가 어떻게 자리를 잡아야 할까? 시소의 받침점이 받쳐주는 힘은 당연히 두 어린이의 무게와 같아야 하고, 시소 중앙을 기준으로 해서 양쪽 방향으로 돌아가려는 회전효과, 즉 토크가 같아야 하므로 가벼운 어린이는 시소 끝에, 무거운 어린이는 시소 중앙 쪽으로 앉아야 한다. 이렇게 해야 시소가 균형을 잡게 되는데 조금 어려운 표현으로 이 상태를 **정적인 평형상태**라고 한다. 시소의 경우 정적인 평형상태에 있기 위해서는 시소 중앙을 기준으로 해서 작용하는 힘의 합이 0($\sum \boldsymbol{F} = 0$)이 되어야 하며, 또 토크의 합도 0($\sum \boldsymbol{\tau} = 0$)이 되어야 하는 것이다.

그림 8.3 시소에서 균형을 잡기 위한 조건은 무엇일까?

물체를 줄에 매달아 회전운동을 시킬 때 회전속도가 같은 경우 줄의 길이가 길 때와 짧을 때 중에서 어느 때가 회전운동에너지가 크겠는가?

당연히 줄의 길이가 길 때 회전운동에너지가 클 것이다. 여기에서의 회전운동에너지는 $K=\frac{1}{2}I\omega^2$으로 표현되는데, I는 **관성모멘트** 혹은 **회전관성**이라 정의되는 물리량이다. I는 mr^2으로 구해지며, r은 회전중심에서 물체의 가장 바깥쪽까지의 거리이고 r이 커질수록 회전관성이 커진다. 직선운동에서 관성은 현재 운동 상태의 변화에 저항하는 물체의 성질이라 정의하였고 관성이 클수록 물체를 움직이는 데 더 큰 힘이 필요하다는 것도 공부하였다. 이와 마찬가지로 물체에 힘을 작용하여 회전시키려 할 때 물체의 회전을 방해하는 성질을 회전관성이라 한다. 물체의 회전관성이 크다는 것은 회전을 하지 않으려는 성질이 크다는 것이다. 회전관성은 관성질량과 비교해서 회전질량과 같은 물리적 의미를 갖는다. 그러므로 줄의 길이가 긴 경우 더 많은 에너지를 가해 회전시켜주어야 하므로 회전운동에너지가 큰 것이다. 또 병진운동에서 질량은 변하지 않는 물리량이었지만 관성모멘트는 동일 물체에서도 회전축의 위치에 따라서 달라지는 중요한 성질을 가지고 있다.

줄타기 곡예사가 양손에 긴 막대를 가로로 들고 균형을 잡는 이유는 빈 손으로 양팔을 벌려 균형을 잡는 것보다 회전관성이 증가하여 잘 돌아가지 않기 때문에 균형을 잡기가 훨씬 수월하기 때문이다. 이것은 쉽게 실험을 해 볼 수가 있다. 연필을 손가락 위에 수직하게 세워서 균형을 잡아 보고, 또 가로로 놓고 균형을 잡아보면 가로인 경우가 균형을 잡는 데 훨씬 쉬운 것을 알 수 있다. 즉, 관성모멘트가 클수록 회전을 하지 않으려는 경향이 큰 것이다. 그러나 반대로 일단 회전을 하게 되면 회전관성 때문에 멈추게 하는 데 더 큰 에너지가 필요하다.

질량(M)과 반지름(R)이 같은 속이 빈 드럼통과 원기둥이 비탈길 위에서 굴러내려 갈 때 어느 것이 더 빠르게 구르겠는가? 드럼통의 관성모멘트는 $I=MR^2$이고 원기둥의 관성모멘트는 $I=\frac{1}{2}MR^2$이므로 원기둥이 더 빠르게 구를 것이다.

우리는 앞에서 직선운동의 물리량인 선운동량($p=mv^2$)이 외부의 영향이 없는 고립계에서는 보존된다는 선운동량 보존법칙에 대해서 공부

그림 8.4 피겨 스케이트 선수의 회전속력의 변화

하였다. 회전운동에서도 이와 유사한 물리량인 각운동량이 있다. 각운동량($L = I\omega$)도 외부의 영향이 없는 경우에는 그 값이 일정하게 유지된다. 이것을 **각운동량 보존법칙**이라 한다. 피겨 스케이트 선수가 제자리에서 회전을 할 때 팔을 벌리고 돌 때와 팔을 몸에 붙이고 돌 때 회전속도가 달라진다. 이 경우에는 외부의 영향이 없기 때문에 각운동량은 보존되지만 회전하면서 팔을 벌리면 회전관성($I = mr^2$)이 커지므로 각속도(ω)는 감소하게 되어 회전속도가 느려지게 되는 것이다.

질문

1 주스가 들어 있는 두 개의 캔이 있다. 하나는 얼어 있고 다른 하나는 얼지 않았다. 비탈길 위에서 두 캔을 동시에 굴릴 때 질량이 같다면 어느 것이 더 빠르게 구르겠는가?

2 엉덩이를 벽에 대지 않은 상태로는 허리를 구부려 발가락을 만질 수 있지만 엉덩이를 벽에 대면 불가능해진다. 그 이유는 무엇일까?

3 경차의 핸들(정확한 표현으로는 스티어링휠)보다는 버스의 핸들 직경이 더 커야 하는 이유는 무엇인가?

제 9 과

하이힐 소리

도서관에서 공부를 하다 보면 여학생이 지나갈 때에는 조심조심 걸어도 따각따각 거슬리는 발자국 소리가 들린다. 그런데 여학생보다 훨씬 무거운 남학생이 힘차게 지나가도 발소리가 별로 들리지 않는 경우가 있는데 왜 그럴까? 또 화살이나 주사기의 끝 부분은 왜 뾰족하게 만드는 것일까? 이것은 **압력**(press)이라는 물리량과 깊은 관계가 있다.

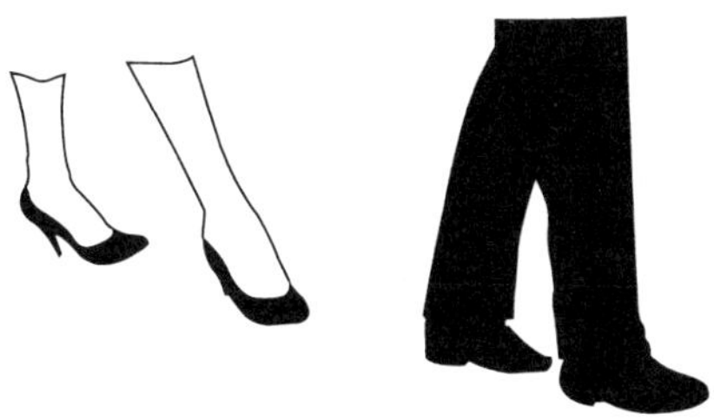

그림 9.1 하이힐과 구두의 뒷굽에 밟혔을 때 어느 경우가 더 아플까?

압력은 단위면적당 작용하는 힘$\left(P=\dfrac{F}{A}\right)$으로 정의되고 단위는 파스칼 $\left[\dfrac{\mathrm{N}}{\mathrm{m}^2}=\mathrm{Pascal}\right]$이다. 길을 걷고 있는데 200 kg인 씨름선수가 육중한 구둣발 뒤꿈치로 꽉 밟았을 때와 50 kg인 여성이 하이힐 뒷부분으로 살짝 밟았을 때 어느 때가 더 고통스러울까?

200 kg인 씨름선수의 구두굽 크기가 8 cm × 9 cm라면 압력은

$$\frac{200\ \text{kg} \times 9.8\ \text{m/s}^2}{0.08\ \text{m} \times 0.09\ \text{m}} = 272,222\ \text{N}$$

이고, 50 kg인 여성의 하이힐 굽의 크기는 반지름이 0.7 cm라면 압력은

$$\frac{50\ \text{kg} \times 9.8\ \text{m/s}^2}{3.14 \times (0.007\ \text{m})^2} = 3,184,713\ \text{N}$$

이다.

여성이 밟을 때 압력이 약 12배 정도 크니까 그 아픔은 눈물이 핑 돌 정도일 것이다. 도서관에서 하이힐 소리가 거슬리게 들리는 것은 여학생의 잘못이라기보다는 압력의 비밀이라 할 수 있다.

차력을 하는 사람들이 못을 박은 판 위에 누워 배 위에 돌을 올려 놓고 해머로 그 돌을 격파하는 것을 본 적이 있을 것이다. 이것 또한 압력의 비밀로 설명할 수 있다. 사람의 피부는 못 한 개가 4.5 N의 힘을 가하면 다치거나 뚫리게 되는데 80 kg인 사람이 못 300개가 박혀 있는 판에 상체만을 걸쳐 누웠을 때 받는 압력은 2.6 N이고 해머의 압력은 1.5 N 정도이므로 비교적 안전한 것이다. 못을 더 촘촘히 박으면 그만큼 더 안전하게 된다. 이러한 예로는 눈이 많이 오는 곳에서 신는 얼기설기 엉성한 모양을 하고 있는 설피라는 것이 있다. 설피는 몸무게를 넓게 분산시켜 눈 위에서의 압력을 감소시켜 주기 때문에 사람이 눈에 빠지지 않게 한다.

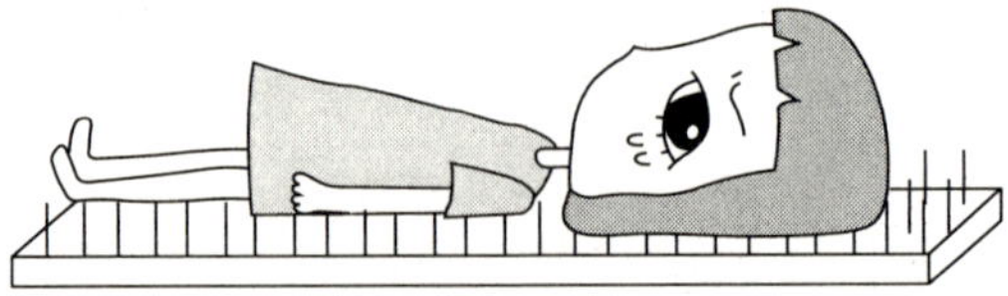

그림 9.2 하나의 못으로는 피부를 뚫을 수 있지만 못 판 위에 누우면 못 하나하나가 작용하는 힘은 크지 않다.

그림 9.3 설피를 신으면 눈을 누르는 압력이 감소해 눈 속으로 쉽게 빠지지 않는다.

액체 속에 잠겨 있는 물체는 액체로부터 압력을 받는데, 이 압력은 액체 속에 잠겨 있는 깊이에 비례한다. 즉, 액체의 압력은 '압력 $\propto$ 깊이'이다. 이것을 조금 더 자세하게 나타내 보면

$$\begin{aligned}\text{액체의 압력} &= \frac{\text{그 면적에 작용하는 액체의 무게}}{\text{면적}} \\ &= \frac{\text{액체의 밀도} \times \text{부피} \times \text{중력가속도}}{\text{면적}} \\ &= \text{액체의 밀도} \times \text{중력가속도} \times \text{깊이} \\ &= \rho g h\end{aligned}$$

이다. 이 힘은 물체를 가라앉게 하는 힘인데 어떤 물체는 가라앉지 않고 뜨는데 그 이유는 무엇일까?

액체 속에 잠겨 있는 물체는 액체로부터 자신이 밀어낸 액체의 무게만큼의 힘, 즉 부력을 받는다. 이것을 **아르키메데스**(Archimedes)**의 원리**라고 한다. 부력은 물체가 잠긴 만큼의 액체의 무게이며 이 힘은 물체를 위로 밀어올리는 힘이다.

액체와 같은 유체 속에서 물체가 받는 부력은 $F_B = \rho_{\text{유체}}\, g\, V_{\text{잠긴 부피}}$로 표현되며 물체의 무게는 $w = mg = \rho_{\text{물체}}\, g\, V_{\text{물체 전체}}$이다. $F_B - w$가 0보다 클 때에는 물체가 위로 떠오르게 되며, 0보다 작을 때에는 가라

앉게 되고, 0이 될 때에는 그 위치에 머물러 있게 된다. 유체 속에서 부력과 무게가 같아 정지하고 있는 상태를 정적인 평형상태라고 한다.

구름은 구름을 구성하고 있는 수증기 입자들의 퍼지려는 분산력과 엉겨 붙으려는 응결력이 균형을 이루어 형성된다. 구름의 크기는 이 두 힘의 상대적인 크기에 따라 결정된다. 그런데 구름은 솜사탕 같이 가벼운 것처럼 보이지만 비나 눈이 되는 다량의 수증기를 포함하고 있기 때문에 대단히 무겁다. 그렇다면 이렇게 무거운(?) 구름이 떠 있는 이유는 무엇일까? 구름의 높이와 그 높이에서 떠 있는 이유는 부력과 중력이 그 위치에서 균형을 이루기 때문이다. 구름에 중력이 작용하여 지구를 향해 떨어지지만 지구 표면에 가까워질수록 공기의 밀도가 증가하므로 부력도 증가하여 균형을 이루게 된다. 또다른 이유는 구름의 입자인 물방울은 그 직경이 1×10^{-6} m, 즉 0.01 mm 정도로 작고 가볍기 때문에 1초에 몇 cm 정도밖에는 낙하하지 못하고 그 때문에 발생하는 구름 내부의 기류 변화 등으로 인해 위로 올라가기도 하여 떨어지는 것을 방해받기도 한다. 그러다가 물방울 입자의 크기가 커지게 되면 결국 비가 되어 지면으로 떨어지게 되는 것이다. 그런데 비는 왜 물통으로 쏟아

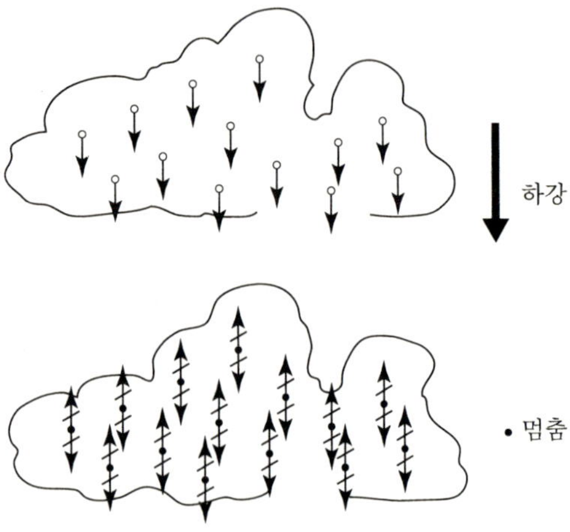

그림 9.4 구름이 떠 있는 이유는 부력과 중력의 균형, 입자의 가벼움 때문이다.

붓듯이 한꺼번에 떨어지지 않고 방울방울 떨어질까? 이것은 구름 속에서의 물방울 성장과정으로 설명할 수 있다. 구름은 수증기가 미소한 먼지나 대전된 입자에 응결될 때 생긴다. 이렇게 형성되는 구름 입자는 지름이 1~10 μm 정도의 크기를 갖는데 이것들이 구름 속에서 만들어지는 상승기류로 인해 위쪽으로 이동한다. 입자들이 상승하는 동안 응결이 생기기 때문에 성장하고 다시 떨어지다가 올라가면서 성장하기를 반복한다. 이 과정에서 상승기류가 더 이상 물방울을 위로 이동시킬 수 없게 되면 아래로 떨어지게 되는데 이것이 빗방울이다.

유체(fluid material)라는 표현이 나왔는데, 유체란 무엇일까? 단어의 의미 그대로는 '흐르는, 움직이는 물질'이다. 그렇다면 물질의 세 가지 상태인 고체, 액체, 기체는 차이는 있지만 이것들이 전부 흐르는데 모두가 유체일까? 물질의 상태에는 고체, 액체, 기체만 있는 것이 아니라 플라스마(plasma), 분체(粉體)도 있다. 고체를 가열하면, 즉 에너지를 공급하면 액체가 되고 액체를 가열하면 기체가 되는데 다시 기체를 가열하면 어떻게 될까? 기체를 가열하게 되면 고온에서 원자나 분자들끼리 격렬한 충돌로 인하여 원자나 분자에서 전자 몇 개가 떨어져 이온화된 전자나 원자가 분자와 함께 존재하는 상태가 된다. 이렇게 전자들이 핵으로부터 분리되어 전하를 띤 부분적인 이온상태로 존재하는 가스 형태를 **플라스마**라고 한다.

플라스마를 이용한 것으로는 형광등이나 네온사인 등이 있다. 형광등은 등 안에 저압상태의 수은이 채워져 있고 여기에 전원을 인가하면 양 끝의 전극에 가해진 전압에 의해 수은이 이온화되어 플라스마 상태가 된다. 이때 전류가 흐르면서 복사가 일어나고 형광등 안쪽에 바른 형광물질이 빛을 내게 되는 것이다. 네온사인의 경우에는 관 안에 채운 기체의 종류에 따라 다양한 색의 빛이 나오게 된다.

자동차 표면을 페인트로 도장할 때 액체상태의 페인트를 바르게 되면 흘러내리고 균일한 두께로 칠해지지 않는 문제가 생긴다. 이 문제를 해결하기 위해 분체도장이라는 것을 하게 되는데, 액체 페인트를 가루 형태로 분사하여 액체의 문제점을 보완하는 것이다. 이러한 분체는 중력 등 외력에 대하여 입자 상호간의 힘인 부착력이 이 힘들보다 큰 특징을 갖고 있으며, 입자의 크기는 수십 μm 정도의 크기이다. 분체는 외력에 대하여 강하게 저항한다는 점에서는 고체적이지만 쉽게 변형되고 유동한다는 점에서는 액체적 성질을 띤다.

질문

1 잠수상태에서는 물이 들어 있는 풍선의 무게를 느낄 수 없는 이유가 무엇일까?

2 물속에서 잠수부가 만드는 물방울은 물 표면으로 올라갈수록 크기가 커지는 이유는 무엇인가?

3 오래 사용한 부엌칼은 칼날이 무뎌져 잘 들지 않는다. 무뎌진 칼날을 날카롭게 갈면 잘 드는 이유는?

제 10 과

커브 볼

수도꼭지에서 떨어지는 물줄기가 아래로 내려갈수록 점점 가늘어지는 이유는 무엇일까? 또 수도에 연결된 호스로 정원에 물을 줄 때 호스 끝을 눌러 뿌리는 이유는 무엇일까?

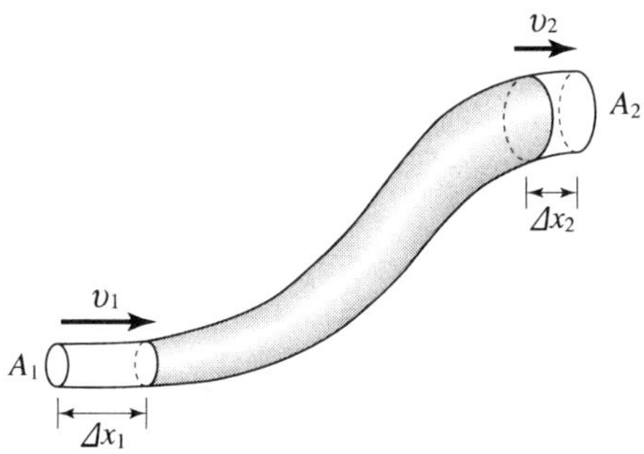

그림 10.1 단면적이 변화하는 관을 통과하는 유체

그림 10.1에서처럼 굵기가 일정하지 않은 관 속을 흐르는 액체에 대해 생각해 보기로 하자. 일정한 시간 동안 관의 왼쪽에서 움직이는 거리와 같은 시간 동안 오른쪽에서 움직이는 거리는 각각 $\Delta x_1 = v_1 \Delta t$, $\Delta x_2 = v_2 \Delta t$이다.

그러므로 유입되는 액체의 질량은

$$\Delta M_1 = \rho_1 V_1 = \rho_1 A_1 \Delta x_1 = \rho_1 A_1 v_1 \Delta t$$

이고, 유출되는 액체의 질량은

$$\Delta M_2 = \rho_2 V_2 = \rho_2 A_2 \Delta x_2 = \rho_2 A_2 v_2 \Delta t$$

이다. 액체가 관 속에서 압축되지 않는다면 질량이 보존되어야 하므로 관의 왼쪽으로 흘러들어오는 액체의 양은 오른쪽으로 흘러나가는 양과 같아야 한다.

$$\Delta M_1 = \Delta M_2$$
$$\rho_1 A_1 v_1 \Delta t = \rho_2 A_2 v_2 \Delta t$$

이므로, 따라서

$$A_1 v_1 = A_2 v_2$$

이다.

이것을 **흐름률**이라 한다. 흐름률은 단면적이 작아지면 액체의 속도는 빨라지고 단면적이 커지면 액체의 속도가 느려진다는 것이다.

수도꼭지에서 떨어지는 물줄기는 아래로 내려갈수록 빠르기가 증가하므로($v = v_0 + gt$) 그 굵기가 가늘어지게 된다. 반대로 수도에 연결된 호스의 끝부분을 꽉 눌러 물을 뿌리는 이유는 호스의 단면적이 작아지면 물의 흐름이 빨라져 멀리까지 물을 뿌릴 수 있기 때문이다.

어떤 관 속에서 액체가 흐른다는 것은 압력을 받았다는 것이고, 압력은 힘과 관계되고, 힘을 받아 움직였다는 것은 일($W = F\Delta x$)과 관계가 된다.

역시 굵기가 일정하지 않은 관 속을 흐르는 액체에 대하여 이것을 정리해 보자. 그림 10.2에서처럼 관의 왼쪽에서 액체에 해준 일은

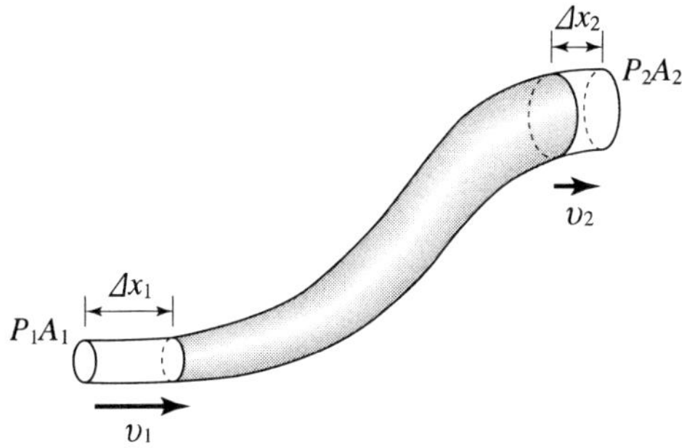

그림 10.2 굵기가 변하는 관 속으로 밀려 들어가는 유체

$$W_1 = F_1 \Delta x_1 = P_1 A_1 \Delta x_1 = P_1 V_1$$

이고, 이 액체가 오른쪽에 도달하여 관의 외부로 해주는 일은

$$W_2 = -F_2 \Delta x_2 = -P_2 A_2 \Delta x_2 = -P_2 V_2$$

이다. 액체가 한 일은 두 일의 합이므로 $W_1 + W_2 = P_1 V_1 - P_2 V_2$이다. Δt 시간 동안 액체 부피의 운동에너지의 변화는 관을 통과하는 유체의 질량을 m이라 하면

$$\Delta K = \frac{1}{2} m v_2^2 - \frac{1}{2} m v_1^2$$

이고, 위치에너지의 변화는

$$\Delta U = mgy_2 - mgy_1$$

이다. 일-에너지 정리에서 액체가 한 일과 액체의 역학적 에너지 변화는 같아야 하므로

$$W_1 + W_2 = \Delta K + \Delta U$$

이고, 이 식에 위에서 얻은 값들을 대입하여 정리하면

$$P_1 + \frac{1}{2}\rho v_1^2 + \rho g y_1 = P_2 + \frac{1}{2}\rho v_2^2 + \rho g y_2$$

가 된다. 조금 복잡해졌지만 관 높이의 차이가 그리 크지 않다면 세 번째 항들은 생략이 되고 $v_1 > v_2$이면 $P_1 < P_2$이다. 즉, 유체의 흐르는 속력이 빨라지면 압력은 감소된다는 것이다. 이것을 **베르누이**(Bernoulli)**의 정리**라고 한다.

그림 10.3은 골퍼가 스윙한 날아가는 골프공을 보여주는 것인데 이와 같이 골프공에 회전을 주어 치게 되면 공의 윗부분과 아랫부분의 공기의 상대적 속도가 차이가 난다. 공의 위쪽 부분이 속도가 빠르기 때문에 압력이 낮아져 공이 위쪽으로 휘어져 더 멀리 날아가게 되는 것이다. 또 승용차를 운전하고 갈 때 옆으로 대형 트럭이 빠른 속도로 지나

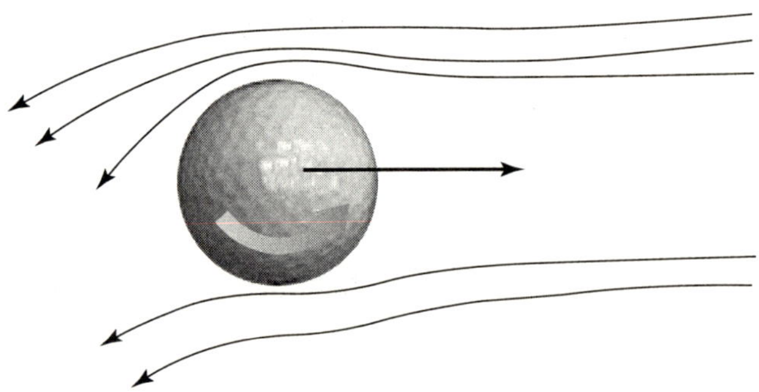

그림 10.3 회전하는 골프공에 작용하는 뜨는 힘

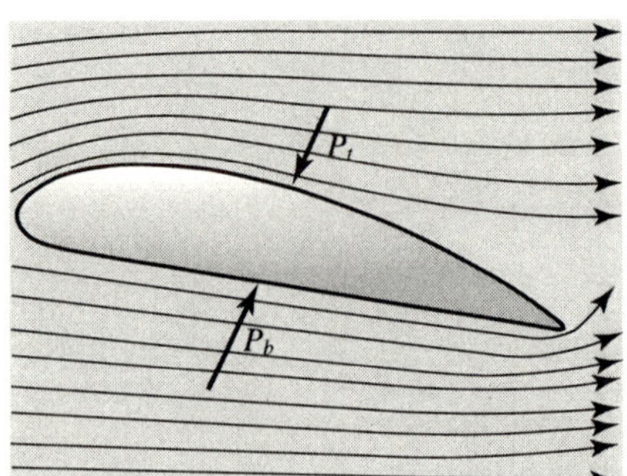

그림 10.4 비행기 날개에서의 공기의 흐름. 위쪽의 흐름이 아래쪽보다 빠르기 때문에 위쪽의 압력이 낮다.

가면 승용차가 트럭 쪽으로 끌리게 되어 승용차가 휘청거리는 느낌을 받는데 이것 또한 같은 원리이다. 트럭의 양쪽에서 공기의 흐름을 생각해 보면 승용차의 반대쪽보다는 승용차가 있는 쪽의 공기의 흐름의 속도가 커지게 되어 승용차는 공기의 흐름이 빠른 트럭 쪽으로 끌리는 것이다. 활주로를 달려가던 육중한 비행기가 떠오르는 것이나(그림 10.4) 바람이 세게 부는 비오는 날 우산이 잘 뒤집히는 이유도 이와 같은 원리로 설명할 수 있다.

유체 내에서 압력이 갖는 중요한 성질은 '정지한 유체 내부 한 곳에 생긴 압력의 변화는 다른 곳으로 그대로 전달된다'는 것이다. 이러한 현상을 **파스칼(Pascal)의 원리**라고 한다. 조금 더 상세하게 설명하면 밀폐된 용기 내에 담겨 있는 유체의 어느 한 부분에 가해준 압력은 지체 없이 유체의 다른 부분과 용기의 벽면에 같은 크기로 전달되는데, 이때 힘의 방향은 벽면에 대해 수직으로 작용한다는 것이다. 그림 10.5와 같은 U자형 관 속에 액체를 넣고 왼쪽 관에 힘을 가하는 경우를 생각해 보자.

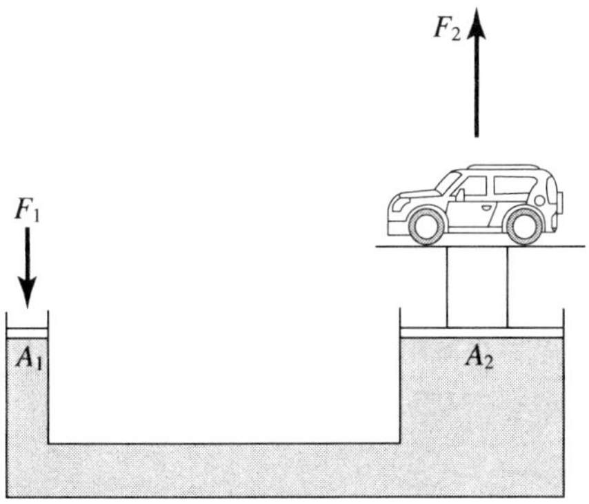

그림 10.5 작은 힘으로 큰 일을 할 수 있다.

단면적이 A_1인 왼쪽 관에 힘 F_1을 가하면 P_1의 압력이 액체에 작용한다. 이 압력은 관을 통해 그대로 전달되어 오른쪽 관 입구에 작용한다.

즉, 단면적 A_2인 오른쪽에 F_2의 힘이 가해지며 이것은 P_2의 압력을 주는 것과 같다. P_1과 P_2는 같으므로

$$P_1 = P_2 \quad \rightarrow \quad \frac{F_1}{A_1} = \frac{F_2}{A_2} \quad \rightarrow \quad F_1 A_2 = F_2 A_1$$

왼쪽에 작은 힘을 가해서 오른쪽으로 큰 힘을 얻을 수 있는 것이다. 왼쪽 관의 단면적을 작게 하거나 오른쪽 관의 단면적을 크게 하면 힘을 몇 배이든 증가시킬 수 있다. 이것은 에너지 보존원리의 결과이기도 하다. 왼쪽 관의 단면과 오른쪽 관의 단면이 움직이는 거리를 각각 d_1, d_2라고 할 때 왼쪽 입구를 미는 데 하는 일과 오른쪽 관에 전달되는 일이 같게 되어

$$W_1 = W_2 \quad \rightarrow \quad F_1 d_1 = F_2 d_2$$

이므로 큰 힘을 얻지만 그 대신에 움직이는 거리는 짧아지게 된다. 이와 같은 파스칼의 원리는 건설 현장에서 사용하는 굴삭기, 로우더, 기중기 등 대부분의 중장비와 같은 큰 동력과 일을 필요로 하는 장비에 응용된다.

질문

1 강한 태풍은 단독주택의 지붕을 날려 보내기도 한다. 지붕이 날아가는 이유를 설명하고, 왜 창문을 열어 두어야 어느 정도 지붕의 안전이 보장되는가를 설명하라.

2 베르누이 효과는 요트를 바람이 불어오는 방향으로 나아갈 수 있도록 한다. 어떻게 바람 부는 방향으로 요트가 나아갈 수 있는가?

3 줄무늬 치약을 짜면 항상 두 가지 색이 섞여 나오는데 왜 그렇게 될까?

제 11 과

왜 유선형이어야 하는가?

사이클, 수영, 스피드 스케이팅 등의 운동경기에 참가하는 선수들에게 유선형과 매끄러움은 상당히 중요하다. 사이클 선수가 쓰는 헬멧의 뒷부분은 뾰족한 형태의 유선형이며 수영선수나 스피드 스케이팅 선수들은 보기 민망할 정도로 몸에 딱 달라붙는 운동복을 입는다. 또 일반 사이클의 프레임은 원형 파이프지만 경기용 사이클의 프레임은 단면을 유선형으로 만들어 항력을 최대한 줄인다. 유선형 파이프의 항력은 굵기가 $\frac{1}{10}$ 정도 되는 원형 파이프의 항력과 같다고 알려져 있다.

그림 11.1 사이클 선수의 각종 장비는 공기의 저항을 최소화하기 위해 유선형을 지향한다.

(a) (b)

그림 11.2 (a) 자동차 주위를 흐르는 공기의 층류
(b) 자동차 배기구에서 일어나는 난류

바퀴살도 회전하면서 전진하기 때문에 각각의 바퀴살이 회전 항력을 받으므로 항력을 줄이기 위해 디스크 형태의 바퀴를 사용한다.

유체 내에서 물체가 운동할 때 유체의 흐름은 다음 두 가지 유형 중 하나로 나타난다. 물체 근처의 어떤 점을 지나는 유체의 입자들이 앞서 지나간 다른 입자들의 궤적을 따라 연속적으로 움직이는 것을 **층류**(laminar flow)라고 한다. 이런 상태에서 유선은 교차하지 않으며 유선은 유체의 속도 방향과 일치한다. 만일 물체가 어떤 속도 이상이거나 급격한 속도의 변화를 일으키면 유체의 흐름이 매우 불규칙해지는데 이것을 **난류**(turbulent flow)라고 한다. 층류와 난류의 유동형태를 결정짓는 무차원 변수로서 유체역학에서 중요하게 취급하는 **레이놀즈수**(Reynolds number)라는 물리량이 있다. 레이놀즈수는 유체 내에서 운동하는 물체에 대해 유체 내부의 저항인 점성력에 대한 관성력의 비를 나타낸다. 즉,

$$R_e = \frac{\text{관성력}}{\text{점성력}} = \frac{\dfrac{\rho v^2}{L}}{\dfrac{\mu v}{L^2}} = \frac{\rho v L}{\mu} = \frac{vL}{\nu}$$

이다. 여기에서 v는 물체의 속도, L은 물체의 길이, ρ는 유체의 밀도, μ는 유체의 점성계수이며 ν는 운동 점성계수이다. 20℃인 공기 중에서 ν의 값은 $16\times10^{-6}\ \mathrm{m^2/s}$이다.

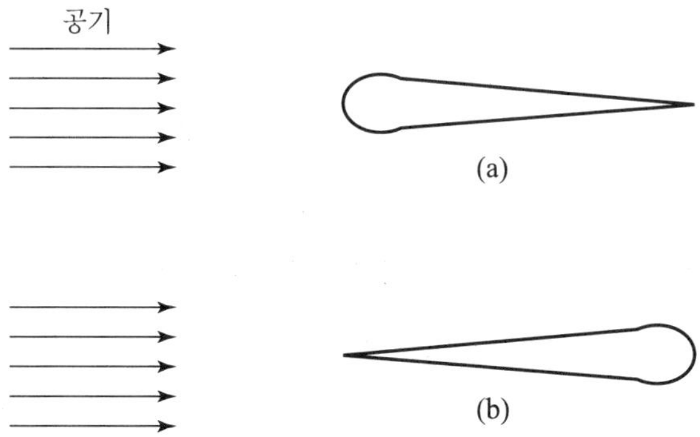

그림 11.3 공기와 같은 기체 속에서 운동하는 물체의 저항은 (a)의 경우가 작다.

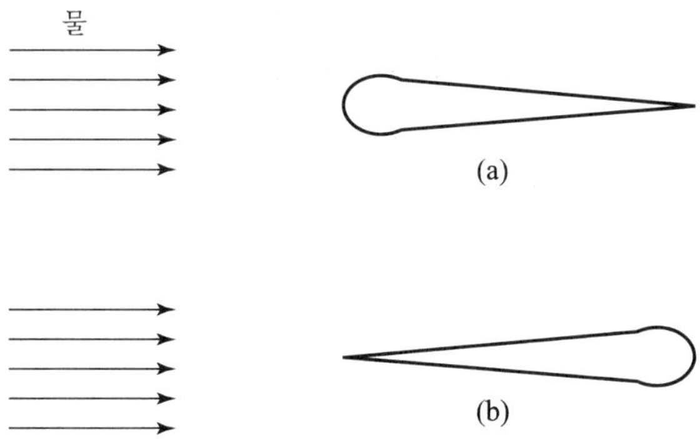

그림 11.4 물과 같은 액체 속에서 운동하는 물체의 저항은 (b)의 경우가 작다.

300 km/h 정도의 속도로 공기 속을 나는 비행기의 경우 그림 11.3에서 보는 바와 같이 (a)의 경우가 공기의 저항력이 더 작다. 이때의 레이놀즈수는 $R_e \gg 1$이다. 관성력이 점성력보다 크게 작용하는 경우이다. 그런데 35 km/h 정도의 속도로 물 위를 움직이는 보트의 경우에는 그림 11.4와 같이 (b)의 경우가 물의 저항력이 작다. 이때의 레이놀즈수는 $R_e < 1$이다. 관성력보다는 점성력이 크게 작용한다. 그렇기 때문에 공기 중에서 운동해야 하는 자동차, 비행기, 사이클 선수의 헬멧 등은 그림 11.3(a)의 유선형 형태를 취한다. 그러나 요즈음처럼 비행기가 초음속에

육박하거나 초음속을 내는 경우에는 날개의 전면부에서 후면부 쪽으로 충격파가 나타난다. 충격파는 저항력 증대에 주요 요인이 되므로 날개를 충격파가 발생되지 않는 형태로 만들어야 하며 이것은 일반적인 유선형과는 다른 형태이다. 물에서 운동하는 보트나 배 등은 그림 11.4(b)의 유선형 형태를 취하는 것이 저항력이 작다. 위의 두 경우 모두 물체 표면에 굴곡이 있어 매끄럽지 못하면 물체의 표면에서 와류 형태의 난류가 발생하여 끌림 저항력이 커지기 때문에 운동에 방해를 받게 된다. 그래서 보기에는 좀 민망해도 몸에 꽉 달라붙는 운동복이 속도 향상에는 유리하다.

유체 내에서 운동하는 물체는 그림 11.5와 같은 4가지 방향의 힘을 받는다. 먼저 추력(thrust)은 물체에 가해진 힘이며, 항력(drag)은 추력에 의해 생긴 속도로 인해 유체로부터 받는 저항력이다. 또 물체는 중력(weight)에 의해 아래로 끌리며 회전을 하면서 움직이면 베르누이의 정리에서 공부하였던 양력(lift)을 중력의 반대 방향으로 받는다. 결국 물체는 유체 속을 이들 4가지 힘의 합력의 방향으로 운동한다. 이때 유체에 의하여 받는 항력은 유체의 점성항력과 물체의 형상항력의 합으로 나타난다.

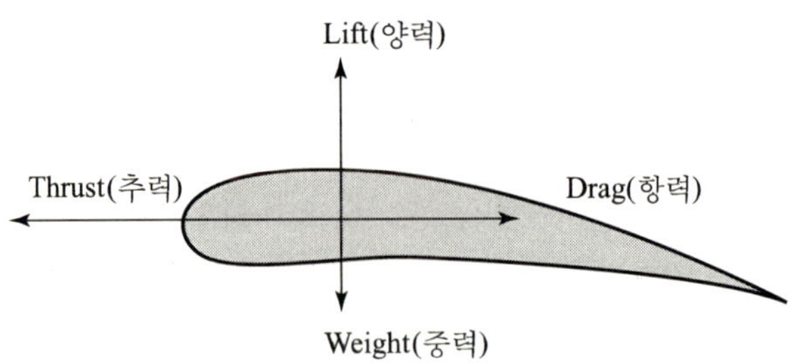

그림 11.5 유체 속에서 운동하는 물체가 받는 4가지 힘

점성항력은 유체가 물체의 표면을 따라 나란히 흐를 때 생기는 마찰저항력이다. 형상항력은 물체의 형태에 의존되는 저항력으로 물체의 앞

쪽에서는 +저항이 작용하여 전진을 막고 뒤쪽에서는 −저항이 작용하여 전진을 못하도록 끌어당긴다. −저항은 물체 뒤쪽에 발생되는 유체의 난류, 즉 와류에 의하여 생기는 것이다. 유체 내의 운동에서 점성항력은 거의 고정되어 있으므로 변화시키기가 어렵지만 형상항력은 물체의 모양에 따라 그 값을 조절할 수 있다. 공과 같이 단면이 원의 형태인 물체는 표면이 매끄러우면 형상항력이 최소가 되기 때문에 물체가 더 빨리 움직일 수 있다. 그런데 골프공은 왜 표면을 울퉁불퉁하게 딤플(dimple)이라고 하는 홈을 만들어 거칠게(?) 하여 형상항력을 크게 하는 것일까?

파5나 파4 홀에서 첫 번째 샷은 드라이버를 사용한다. 드라이버 샷은 그 목적이 볼을 정확하게 보내야 하기도 하지만 다른 클럽보다는 멀리 보내려는 의도가 크다. 그렇다면 저항력을 줄여야 하고 그 중에서 형상항력을 줄여야 하는데 오히려 표면에 딤플을 주어 항력을 커지게 하는 것이 아닌가? 그림 11.6에서 보면 R_e가 10^5을 넘으면 거친 공이 매끄러운 공보다 항력계수가 작아진다. 180 km/h의 빠르기로 날아가는 골프공의 R_e가 1.3×10^5이므로 골프공은 딤플의 영향으로 오히려 항력을 적게 받는다. 클럽의 공과의 접촉면이 경사를 이루고 있기 때문에 발생되는 위쪽으로의 양력과 합쳐져 멀리 날아간다.

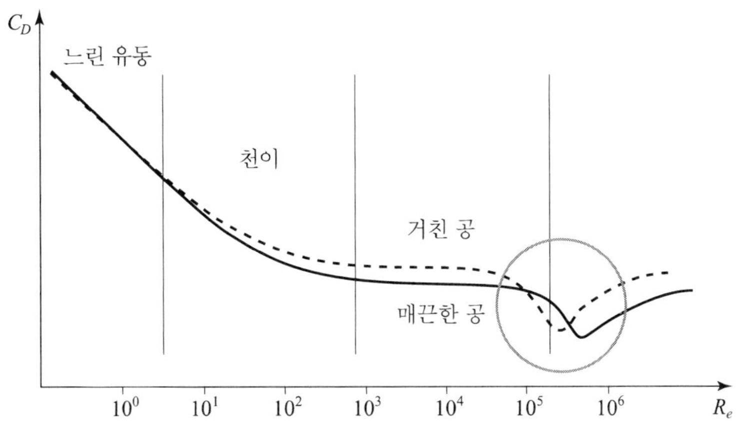

그림 11.6 레이놀즈수에 따른 항력계수 분포도

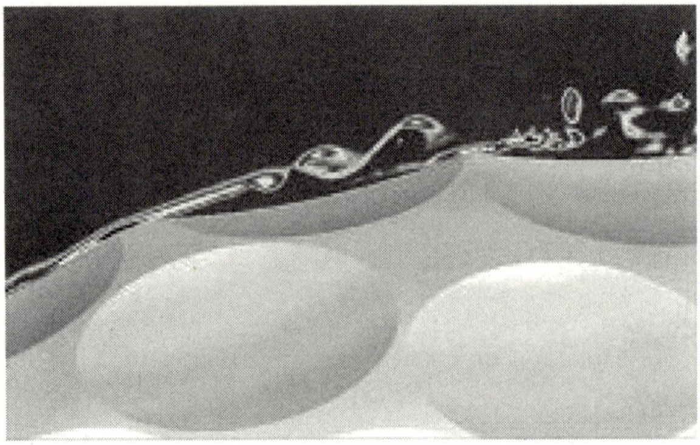

그림 11.7 골프공 딤플 주변에 형성된 와류. 와류에 의해 공의 표면이 매끄러운 형태가 되어 오히려 항력이 줄어든다.

질문

1 사이클 선수는 앞 선수의 뒤에 바짝 따라 붙어 공기의 저항력을 줄일 수 있다. 그 이유는 무엇일까?

2 낙하산은 공기와 접하는 단면을 크게 하여 공기 저항을 높여야 하는데 낙하산에는 적어도 하나 이상의 구멍이 뚫려있다. 그 이유는 무엇일까?

제 12 과

폭포수의 비밀

에너지 보존원리를 생각해 보면 폭포 아래 웅덩이에 고여 있는 물의 온도는 꽤 높아야 할 것 같다. 추운 겨울에는 주변보다 수온이 상당히 높아 김이 모락모락 피어올라야 할 것 같은데 실제로는 그렇지 않다. 폭포 위에서 물이 갖고 있던 위치에너지는 물이 웅덩이에 떨어지면서 열에너지로 변하고, 물이 계속해서 떨어지므로 더 많은 열에너지가 모이게 되고, 이렇게 되면 수온이 많이 올라가야 하는데 왜 수온은 올라가지 않는 것일까?

물질의 물리적 특성 중 하나인 **비열**(specific heat)이라는 물리량은 '물질 1 g을 14.5℃에서 15.5℃로 올리는 데 필요한 열량'이라고 정의한다. 표 12.1에서 보면 비열이 가장 큰 물질은 물이며, 비열이 크다는 것은 온도를 변화시키기가 어렵다는 것이다. 물질들은 열에너지와 같은 내부에너지를 저장하는 능력이 서로 다르다. 물질에 흡수된 에너지는 물질을 구성하는 분자들에게 여러 가지 방식으로 영향을 미친다. 이때 흡수된 에너지가 분자의 병진운동에너지를 증가시키는 데 사용되면 물질의 온도가 올라가게 된다. 그러나 흡수된 에너지가 분자의 회전운동에너지나 분자 내 원자들의 진동을 크게 하거나 분자 간의 결합을 느슨하게 하여 분자의 위치에너지를 증가시킬 수도 있다. 물질의 온도는 분자

표 12.1 대기압 하에서 여러 가지 물질들의 비열

물질	J/kg·°C	cal/g·°C
알루미늄	900	0.215
베릴륨	1,820	0.436
카드뮴	230	0.055
구리	387	0.0924
저마늄	322	0.077
유리	837	0.200
금	129	0.0308
얼음	2,090	0.500
철	448	0.107
납	128	0.0305
수은	138	0.033
실리콘	703	0.168
은	234	0.056
수증기	2,010	0.480
물	4,186	1.00

들의 병진운동에너지만을 나타내는 것이기 때문에 물질마다 비열이 틀려지게 되는 것이다. 모든 물질 중에서 물은 흡수한 에너지를 병진운동에너지 외에 앞에서 말한 회전운동, 분자 내 원자의 진동, 결합의 이완 등에 가장 많은 에너지를 소모하므로 비열이 제일 큰 것이다.

화재가 났을 때 누구인가를 구출하러 불 속으로 뛰어들어야 하는 상황이라면 물에 적신 담요 같은 것을 뒤집어쓰고 뛰어들지 않겠는가? 왜냐하면 물은 비열이 크기 때문에 물을 적신 담요의 온도가 쉽게 오르지 않아 화염에 의한 화상을 조금이나마 막을 수 있기 때문이다. 그런데 화재 시에 방에서 밖으로 나오려고 금속으로 되어 있는 문손잡이를 맨손으로 덥석 쥐면 큰일이 난다. 물의 온도가 1℃ 올라갈 때 콘크리트는 6℃, 철은 10℃, 납이나 금은 32℃나 올라가게 되므로 문손잡이는 상당히 가열되어 있기 때문에 맨손으로 잡지 않는 것이 좋다.

물은 에너지를 축적하는 놀라운 능력을 갖고 있다고 볼 수 있다. 물

의 온도를 올려 주기 위해서는 많은 양의 에너지가 필요하기 때문에 자동차나 다른 엔진, 심지어는 원자로의 온도를 냉각시키는 체계에도 물이 이용된다. 또한 물은 온도가 떨어지는데도 긴 시간이 필요하다. 난방이 그렇게 좋지 못했던 시절의 추운 겨울에는 뜨거운 물주머니로 이불속을 따뜻하게 만들어 지내기도 하였다. 금방 한 밥보다는 죽이 더 뜨거운 이유도 죽에 포함된 수분으로 인하여 죽은 밥에 비해 온도가 떨어지는 데 걸리는 시간이 비교적 길기 때문이다.

질량이 m인 물이 높이 h인 폭포 위에서 갖는 위치에너지는 $U=mgh$로 정의된다는 것은 이미 알고 있다. 폭포 밑 웅덩이 물의 온도를 올리는 데 필요한 열량은 $Q=mCt$로 정의된다. 여기에서 C는 물의 비열이고, 그 값은 $C=4186\ \mathrm{J/kg\cdot ℃}$이다. 물의 질량을 100 kg, 폭포의 높이를 100 m라고 할 때 물의 위치에너지가 모두 수온을 올리는 데 사용되었다면 $U=Q$이므로 $mgh=mCt$에서

$$t=\frac{mgh}{mC}=\frac{(100\ \mathrm{kg})(9.8\ \mathrm{m/s^2})(100\ \mathrm{m})}{(100\ \mathrm{kg})(4186\ \mathrm{J/kg\cdot ℃})}=0.23\,℃$$

가 된다. 즉, 수온이 0.23℃ 올라가는 데 그치며 물은 계속 흘러나가고 기화되기 때문에 기화열을 공기 중에 빼앗겨 더욱 올라가기 어렵다. 또한 아주 적은 양이기는 해도 수온이 올라가기는 하지만 폭포 아래는 에너지적으로 고립되어 있는 않은 비고립계이기 때문에 열저장이 되지 않는다는 문제도 있다. 이러한 세 가지 이유 때문에 폭포 아래 웅덩이의 물의 온도는 올라가지 않는다.

기화열이란 액체가 기체가 되기 위해서 필요한 열이고, 반대로 수증기와 같은 기체가 물로 될 때에는 액화열을 내놓는다. 참고로 얼음과 같은 고체가 물과 같은 액체가 되려면 융해열이 필요하고 다시 물이 얼어 얼음이 될 때에는 응고열을 방출하게 된다. 고체가 바로 기체가 되기 위해서 필요한 열은 승화열이라고 한다.

물은 비열이 크기 때문에 지구상의 생물에게는 절대적으로 필요한 여러 가지 유용한 역할을 한다. 지구의 온도가 태양이나 화석연료의 사용에 의해 올라가겠지만 물은 그 온도의 증가를 막아주는 결정적 역할을 하여 생물에게 이로운 환경을 제공하게 된다. 알려진 바에 의하면 지구상의 모든 물을 뭉쳐 놓으면 반지름이 695 km인 구 형태가 되는데 이것은 지구 전체 부피의 $\frac{1}{1000}$ 정도나 된다.

또한 물은 아직 그 원인이 밝혀지지 않은 신비로운 비밀도 가지고 있다. 뒤에서 다시 공부하겠지만 이론적으로는 호수의 물은 기온이 내려가면 표면부터 냉각이 되어 무거워져 아래로 내려가고, 이때 아래의 따뜻한 물은 위로 올라가게 되어 자연스러운 물의 흐름이 발생될 것이다. 이것을 대류라고 하는데, 기온이 계속하여 내려가면 더욱 차가워진 물은 아래로 내려가고 결국에는 가장 차가운 물이 호수의 맨 아래쪽에 있게 되며, 따라서 호수는 밑에서부터 얼게 될 것이고, 결국 호수에 살던 물고기는 다 얼어 죽고 말 것이다. 하지만 그렇게 되지 않는다. 왜 그럴까?

물은 높은 온도에서 냉각되면 4℃가 될 때까지는 밀도가 증가하다가, 즉 무거워지다가 4℃보다 더 냉각되면 다시 가벼워지는 특징이 있다. 정리하면 4℃를 기점으로 하여 온도가 올라가거나 내려가면 물의 부피가 증가하는 팽창이 일어난다. 따라서 얼음은 물보다 가벼워 물에 뜨게 된다. 신기하지 않은가? 그래서 호수의 물은 아래쪽이 아닌 위쪽에서부터 얼게 되어 밑에는 얼지 않는 4℃의 물이 있으므로 호수의 물고기가 살아남게 되는 것이다.

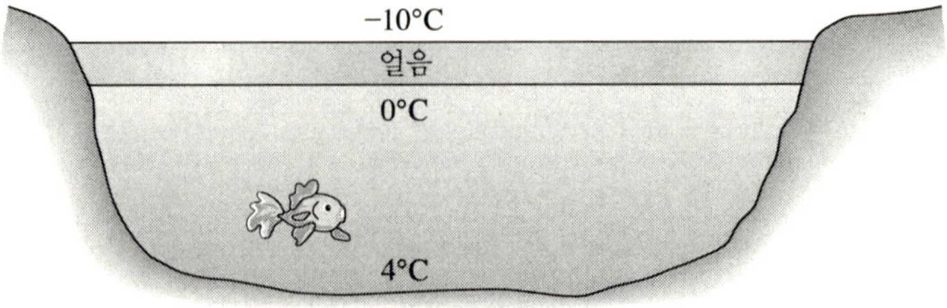

그림 12.1 4°C의 무거운 물이 호수 밑바닥에 있어 한겨울에도 물고기들은 살아갈 수 있다.

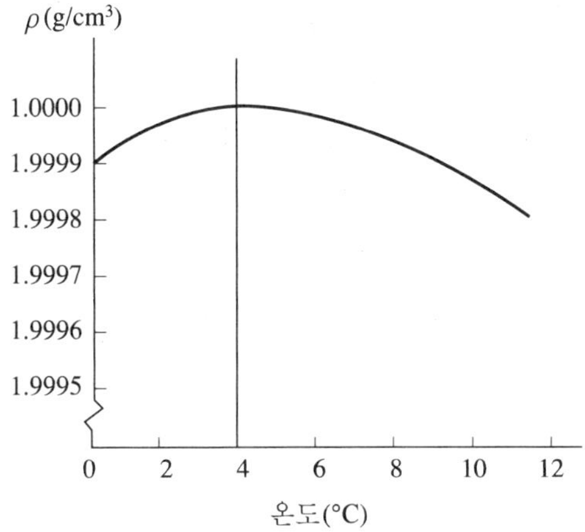

그림 12.2 물의 온도에 대한 밀도의 변화

물질은 온도가 증가하면 분자나 원자의 운동이 활발해져 팽창하고 온도가 낮아지면 수축하는 것이 일반적인 현상이다. 그래서 긴 교량은 여름철에는 늘어나고 겨울철에는 줄어들기 때문에 이것을 고려하여 약간의 간격을 떼고 건설해야 한다. 플라스틱 재질의 안경테에 렌즈를 끼울 때 안경테를 가열하여 늘어나게 한 다음에 렌즈를 끼워 넣는 것도 열팽창을 이용한 것이다. 높은 건물을 지을 때 사용하는 철근과 시멘트

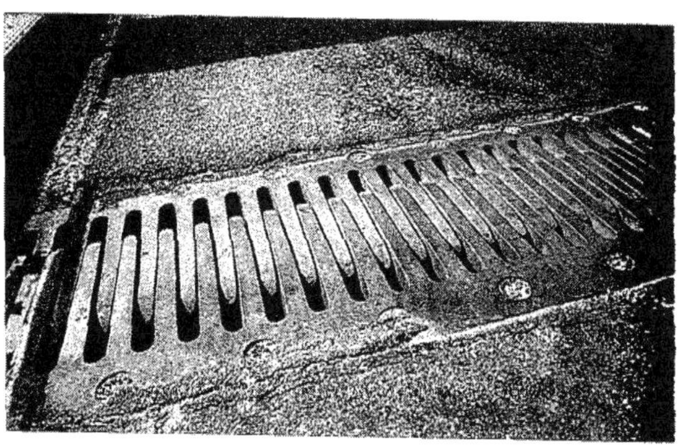

그림 12.3 다리를 건설할 때 이와 같은 이음매가 팽창 수축으로부터 다리의 안전을 보장한다.

의 열팽창률이 다르면 어떻게 되겠는가? 믿기지 않지만 초음속 여객기인 콩코드는 비행중에 공기와의 마찰로 인한 열 때문에 약 20 cm 정도의 열팽창이 일어난다고 한다. 또한 이러한 팽창률과 수축률은 물체마다 다르기 때문에 건축이나 기구를 설계할 때는 이것을 고려하여야 한다. 예를 들어 팽창률이 다른 놋쇠와 철을 접합한 바이메탈(bimetal)은 열을 받으면 놋쇠 쪽이 많이 늘어나게 되어 철의 방향으로 휘어진다. 이것을 전기히터나 다리미의 과열을 방지하기 위해 전기적 접촉 부분에 장치해 놓으면 과열 시에 효과적으로 전기회로를 끊어준다. 이러한 장치를 서모스탯(자동온도조절기)이라 부르며 실생활에서 방 안의 온도조절기, 냉장고 온도조절, 자동차 엔진 부품의 하나인 카뷰레터 등에 광범위하게 활용된다.

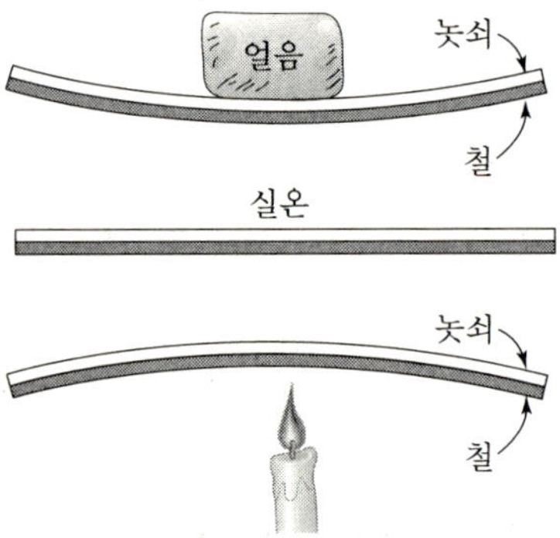

그림 12.4 열팽창률이 다른 두 금속을 접합하여 휘어지게 할 수 있다.

질문

1 어떤 별의 중심부 온도가 1.5×10^7도(degrees)라고 할 때 그것은 절대온도인가 섭씨온도인가?

2 유리병 마개가 금속으로 되어 있는데 너무나 꽉 조여져서 손의 힘으로는 열리지 않는다. 어떻게 하면 쉽게 열 수 있을까?

3 소방관의 방화복은 아라미드계 섬유와 방수천을 이용한 이중구조의 섬유로 만들어 소방관을 뜨거운 열기로부터 보호하는데 방화복의 단점은 너무 무거워 행동에 제약을 준다는 것이다. 소방관의 방화복을 어떻게 하면 가볍고 효과적으로 만들 수 있겠는가?

4 도시 주변이 시골보다는 여름의 평균기온이 높은 이유는 무엇일까?

제 13 과

열의 전달

열의 전달방법에는 **전도**, **대류**, **복사**의 세 가지 종류가 있다. 이들 열의 전달구조에 대해 살펴보자.

금속의 한쪽을 붙잡고 다른 쪽을 가열하면 곧 뜨거움을 느끼게 된다. 이는 금속의 가열된 부분의 분자나 자유전자가 운동이 활발해지면서 이웃한 다른 분자와 충돌을 일으키고, 이러한 충돌이 계속 이어져 열이 전달되기 때문이다. 이러한 열전달방식을 **전도**라 한다. 즉, 전도란 온도가 다른 두 물체를 접촉시키면 따뜻한 쪽 분자들의 열진동이 심해져서 접촉면의 다른 물체들의 분자들과 충돌을 일으켜 열이 전달되는 현상을 말한다. 열전달이 빠르게 일어나는 물질은 '열전도율이 크다.' 라고 하는데, 뒤에서 공부하게 될 전기 분야에서 전기를 잘 통하는 물질인 도체는 열전도율도 크다. 도체가 열전도율이 큰 이유는 도체에는 자유전자라는 것이 있는데, 이 자유전자는 열에 의한 자극을 쉽게 받으며 받은 자극을 옆의 자유전자나 원자에게 잘 전달하기 때문이다. 결국 물질의 열전도율의 좋고 나쁨은 원자구조의 전기적 결합의 강도에 의존한다. 열전도율이 좋은 물질은 약하게 결합되어 있는 외각의 전자를 많이 갖고 있으며 열전도율이 낮은 물질들은 외각의 전자가 강하게 결합되어 있다. 열전도율이 낮은 물질을 절연체라고 하며 때로 단열재라고도 한다.

거실에 깔려 있는 카펫과 대리석바닥은 같은 온도에 오랫동안 노출되어 있기 때문에 열평형이 일어나 표면의 온도는 같다. 그러나 손으로 만져보면 대리석이 카펫보다 더 차갑게 느껴지는데 이것은 대리석의 열전도율이 카펫보다 크기 때문에 우리 몸에서 쉽게 열을 빼앗아 공기 중에 방출하기 때문이다. 표 13.1에 여러 물질의 열전도율을 나타내었다.

표 13.1 여러 물질의 열전도율

단열재	열전도율
시멘트	0.42
내화벽돌	0.10
유리섬유	0.031
코르크	0.042
종이	0.18
스테인리스강	14
실리콘고무	0.19
운모	0.54
유리	1.2～1.5
공기(대기압)	0.027
구리	400

일반적으로 액체와 기체는 분자 간의 거리가 상당히 멀리 떨어져 있는데 기체는 액체나 고체에 비해 분자 간의 거리가 십여 배 이상이나 된다. 표에서 보듯이 공기의 열전도율은 아주 낮아서 공기를 많이 품을 수 있는 스티로폼이나 유리섬유는 좋은 단열재로 쓰이고, 거위털 파카는 털 사이사이에 공기를 많이 갖고 있기 때문에 겨울철에 훌륭한 방한복이 된다. 눈송이 또한 결정구조가 깃털과 비슷하여 사이사이에 공기가 들어 차 좋은 절연체 역할을 한다. 눈이 덮인 보리밭에서 파릇파릇 보리싹이 돋아나오고, 에스키모의 이글루 안이 따뜻한 이유도 눈의 절연 효과 때문이다.

에어로겔(aerogel)이란 물질이 있는데, 머리카락의 1만분의 1 두께인 실리카 성분이 성글게 얽힌 구조로 가장 밀도가 낮은 고체이다. 이 물질은 단열성이 좋아 슈퍼 단열재 또는 꿈의 단열재로 불리며, 화성탐사 로봇인 소저너의 단열재로 쓰인 우주 소재이다. 그러나 생산원가가 비싸고 응고시간이 긴 단점이 있었으나 2009년 4월 우리나라 에너지기술연구원에서 생산원가를 획기적으로 낮추고 응고시간을 1/30 정도로 단축시킨 소재로 상용화에 성공하였다.

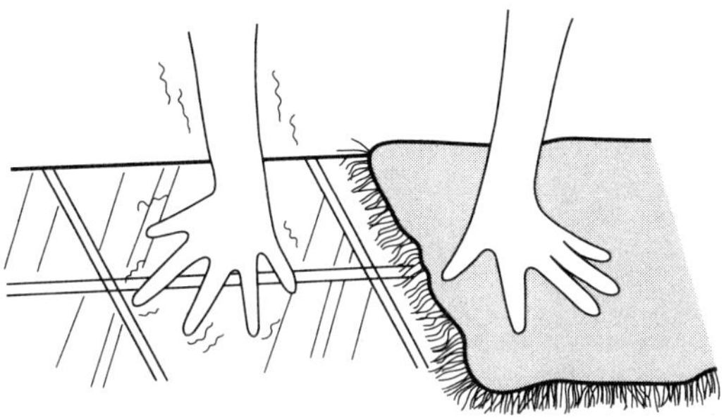

그림 13.1 열평형이 되어 있는 대리석과 카펫에서 느껴지는 온도 차이의 이유는 무엇일까?

대류는 데워진 액체나 기체의 분자들은 분자운동이 활발해지기 때문에 팽창하게 되어 주어진 부피 안에 분자 수가 줄어들어 밀도가 감소하므로 가벼워져서 일어나는 열전달 현상이다. 온도가 올라간 액체나 기체는 가벼워져서 위로 올라가고 위쪽의 차가운 액체나 기체는 무거워져서 아래로 내려와 자연스러운 열 흐름이 생기게 되는 것이다. 이렇게 유체의 실제적인 흐름에 의해 열이 전달되는 현상을 대류라 한다. 전도가 접촉에 의한 열전달이라면 대류는 접촉이 없는 상태의 열전달이라 볼 수 있다. 물을 끓일 때 아래쪽의 가열된 물은 위로 올라가고 위쪽 차가운 물은 아래로 내려와 물 전체가 데워지는 것이다. 난로의 위쪽이 뜨거운 것도 같은 이치이다.

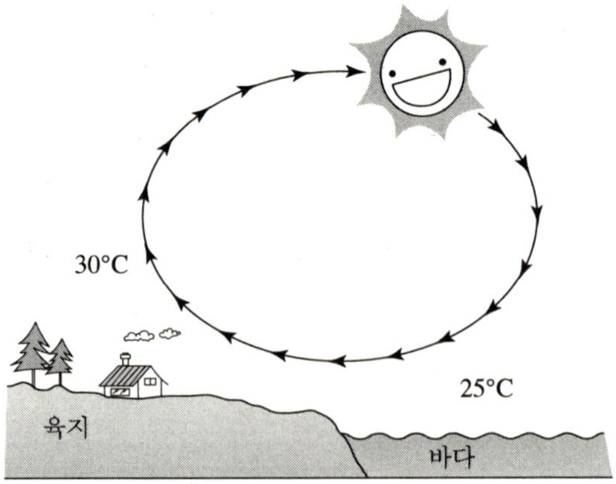

그림 13.2 바다와 육지의 온도 차이에 의한 대류. 낮에는 해풍이, 밤에는 육풍이 분다.

그런데 더운 공기는 가벼워져 위로 올라가므로 높은 곳일수록 기온이 높아야 하는데 실제로는 어떤가? 만년설은 산 아래가 아닌 산 정상에 있지 않은가? 공기의 압력인 대기압은 위로 올라갈수록 낮아지기 때문에 위로 올라가는 공기는 팽창을 하게 된다. 공기가 팽창을 하면 공기분자들은 자신으로부터 멀어지는 분자와의 충돌이 정지해 있거나 다가오는 분자와의 충돌보다 많아지는데 이것은 팽창하는 동안 공기분자의 속력이 줄어드는 원인이 된다. 탁구를 할 때 탁구라켓을 공을 향해 휘두르며 때리면 탁구공의 속력이 증가하지만 탁구라켓을 뒤로 빼면서

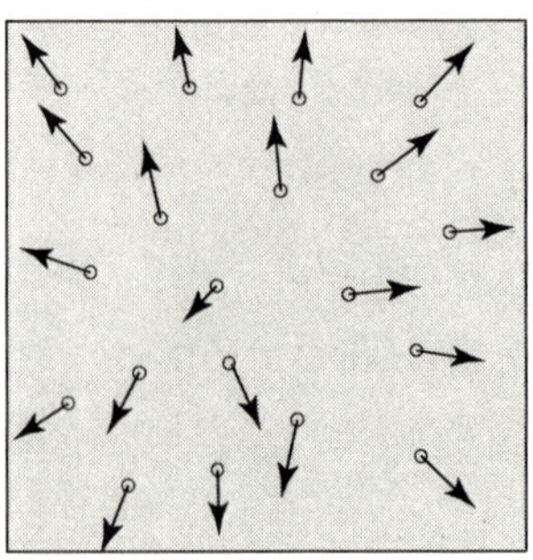

그림 13.3 팽창하는 공기는 공기분자들이 후퇴하는 분자들과의 충돌이 더 많이 일어난다.

공을 맞추면 탁구공의 속력이 줄어드는 것과 같은 이치이다. 공의 입장에서 보면 뒤로 빠지는 탁구라켓에 부딪칠 때 속력이 감소한다. 속력이 줄어들면 운동에너지가 감소된다는 것은 이미 앞에서 공부하였다. 따라서 위로 올라갈수록 공기가 팽창하므로 온도가 급격히 감소하는 것이다. 이것은 어려운 표현으로 **단열팽창**이라는 것인데, 열의 공급 없이 기체가 팽창하는 현상이다. 단열팽창 시에는 공기가 외부에 대해 일을 하므로 내부에너지가 감소되어 온도가 내려가는 것이다.

뜨거운 것을 식힐 때 입술을 오므려 입김을 '후~'하고 불고, 겨울철에 손이 시리면 입술을 넓게 벌려 '허~'하고 부는 이유는 무엇일까? 액체나 기체가 팽창한다는 것은 주위로부터 열을 빼앗는 것이다. 예를 들어 손바닥을 '후~'하고 불면 짧은 거리지만 입술에서 손바닥에 도달하는 동안 입김은 퍼지게 되고 퍼지는 것은 자신의 에너지를 주위에 빼앗기는 것이므로 손바닥이 차게 느껴지는 것이다. '허~'하고 불 때는 몸에서 나오는 따뜻한 공기가 팽창을 많이 하지 않고 그대로 손바닥에 전달되기 때문에 따뜻하게 느껴지게 된다.

전도와 대류의 열전달방식은 열이 전달되기 위해 무엇인가 물질이 필요하였다. 그러나 물질이 없어도 열이 전달되는 방식이 있는데, 이것을

그림 13.4 손바닥을 '후' 불 때와 '허' 불 때의 온도 차이는 왜 생기는 것일까?

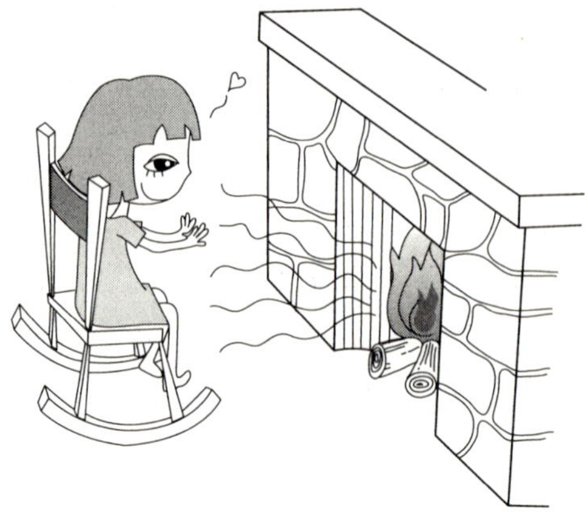

그림 13.5 벽난로 앞에서 따뜻함을 느끼는 것은 복사에 의한 열의 전달 때문이다.

복사라고 한다. 난로를 켜면 난로 위 금속부분은 전노에 의해 뜨거워지고 윗부분 공기는 대류에 의해 뜨거워지는데, 난로 앞쪽이 뜨거워지는 것은 어떻게 설명할 것인가?

어떤 온도를 갖는 물체는 전자기파 형태인 복사에너지를 방출하며 온도가 낮을 때는 파장이 긴 전자기파가, 높을 때는 파장이 짧은 전자기파가 방출된다. 파장이 짧은 전자기파일수록 에너지가 크다($E = h\nu = hc/\lambda$). 이것은 벽에 한쪽을 고정시킨 줄을 흔들어 짧은 파장을 만들려면 줄을 세게 흔들어야 하는 것과 같다. 세게 흔든다는 것은 줄에 큰 에너지를 공급하는 것이다. 뜨겁게 달구어진 다리미의 표면에서도 전자기파가 방출되지만 우리 눈에 보이는 가시광선이 아닌 적외선 영역의 전자기파가 방출된다. 그러나 전기히터의 가열된 전열선은 우리 눈에 보이는 붉은색 전자기파를 방출한다. 이렇게 빛이 전자기파의 형태로 전달되는 것을 **복사**라고 하는 것이다. 일상적인 온도의 물체들은 대부분 적외선 영역 중에서 비교적 파장이 긴 적외선을 방출한다. 적외선은 가시광선에서 빨간색 바로 바깥영역부터 전파 사이를 말한다. 적외선에서도 짧은 파장의 적외선은 우리의 피부에 흡수되어 열기를 느끼게 하며, 이때를 열복사라고 한다. 물체의 온도가 상승하여 500℃에 이르게 되면 가시광선에서 긴 파장을 갖는 적색광이 방출된다. 여기에서 온도가 더 상승하면 노란색 계통의 빛이 방출되고 1,200℃가 되면 우리 눈이 감지할 수 있는 모든 가시광선이 방출되어 백색광이 되는 것이다. 백열전구의 필라멘트 온도는 2,000℃ 가까이 올라갈 수 있지만 열 산화의 문제 때문에 그 이하의 온도(700℃~1,000℃)에서 발광하도록 하여 사용한다.

전자기파란 온도를 갖는 물체 내부에서 분자들이 진동하여 전기장과 자기장이 만들어지는데 자기장이 시간에 따라 변화하면서 전기장의 변화를 낳고, 전기장의 변화가 다시 자기장의 변화를 만들어가면서 공간에 전파해 가는 파동을 말한다. 이러한 이론은 맥스웰(Maxwell)에 의해 확립되었다. 태양의 뜨거운 열기가 지구까지 미치는 것은 열이 전자기파의 형태로 우주공간을 통해 전달되기 때문이다.

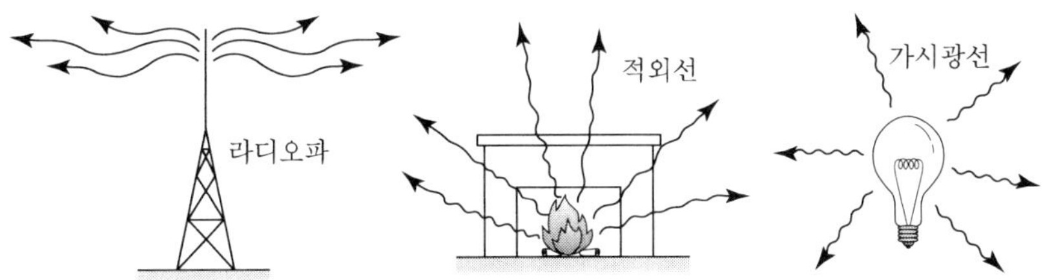

그림 13.6 전자기파의 종류

전자기파의 흡수와 반사는 서로 상반되는 과정인데 복사에너지를 잘 흡수하는 물체는 흡수한 에너지보다는 아주 적은 양만을 반사한다. 따라서 양호한 흡수체는 어두운 색을 띠고 있으며 완벽한 흡수체는 흡수한 복사에너지를 전혀 방사하지 않으므로 검은색으로 보인다. 예를 들어 상자 속을 하얗게 칠해 놓아도 작은 구멍으로 안을 들여다보면 상자 속이 까맣게 보이는데 구멍을 통해 들어간 복사에너지가 상자 안에서 여러 번 반사되는 동안 흡수되어 밖으로 나오는 빛이 거의 없기 때문에 일어나는 현상이다. 반대로 반사를 잘하는 물체는 흡수율이 낮은 물체이고 밝은 색을 띤다. 밝은 색은 어두운 색보다 빛과 열을 잘 반사시키므로 여름철에는 밝은 색 옷을 입어야 덜 덥게 된다.

일반적으로 흡수율이 높은 물체는 방사율이 높으며 흡수율이 나쁜 물체는 방사율도 나쁘다. 흡수율이 좋은 물체는 어두운 색을 띠는데 이것은 얼음을 넣은 두 개의 금속 용기에 하나는 검은색을, 다른 하나는 흰색을 칠해 난로 앞에 두면 검은색을 칠한 용기의 얼음이 먼저 녹는다는 사실로부터 확인할 수 있다. 이러한 사실을 이용하여 커피 잔을 고를 때에도 검은색보다는 흰색이 커피를 덜 식게 한다. 결론적으로 모든 물체는 복사에너지를 방출하면서 동시에 흡수를 하며 복사량이 흡수량보다 많으면 가열되고 흡수량이 복사량보다 많으면 냉각되는 것이다. 이 흡수와 방출의 비를 **복사율**이라 한다.

날씨가 추워지면 아침에 주차장에 세워져 있는 자동차에 서리가 앉게 되는데 문이 있는 옆쪽보다는 지붕 쪽에 더 많은 서리가 끼어 있는 이유는 무엇일까? 자동차는 모든 면으로 에너지를 복사하면서 서서히 냉각되고 옆면은 주변의 건물이나 나무 등으로부터 복사되는 에너지를 다시 흡수하는 데 비해 위쪽은 복사원이 너무 멀리 떨어져 있거나 없기 때문에 쉽게 냉각되는 것이다.

질문

1 얼음에 박혀 있는 못의 한쪽 끝을 잡아보면 차갑게 느껴진다. 얼음의 차가운 기운이 손으로 전달된 것인가?

2 추운 겨울날 카페에 들어가 뜨거운 커피를 한 잔 마시려고 한다. 커피를 뜨겁게 마시려면 생크림을 커피를 가져온 즉시 타는 것이 좋은가 아니면 마시기 전에 타는 것이 좋은가? 그 이유는 무엇인가?

3 다리 위의 도로는 지상의 도로보다 왜 먼저 어는가?

제 14 과
스피드 건

고속도로를 달리거나 한적한 국도를 달리다 보면 어김없이 과속을 단속하는 고정카메라가 있거나 커브 길에 숨어 있는 이동식 카메라를 발견한다. 과속을 단속하는 카메라는 어떤 원리로 과속 차량을 식별하여 사진을 찍을 수 있을까? 과속 단속카메라 중 하나는 도로에 일정한 간격으로 센서를 설치해 놓고 자동차가 지나가는 시간을 측정하여 과속 여부를 판단하여 카메라를 작동시키는 방법을 이용한다. 이 책에서는 이러한 방법이 아닌 또 다른 방법에 대하여 살펴보자.

과속 카메라의 가장 중요한 부품은 스피드 건이다. 스피드 건은 야구의 투수가 공을 던질 때 그 빠르기를 실시간으로 측정할 수 있는 장치이기도 하다.

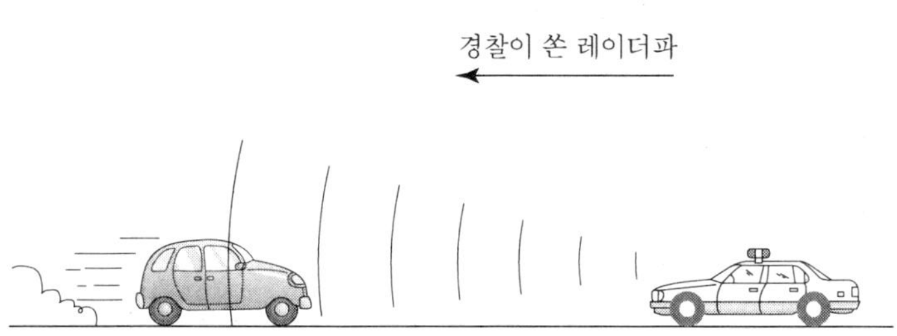

그림 14.1 도플러 효과를 이용한 과속 단속

A가 벽으로부터 적당히 떨어진 위치에서 1초 간격으로 공을 던져 벽을 맞추어 보자. 그러면 벽 가까이 서 있는 B는 공이 1초 간격으로 벽에 부딪히는 것을 볼 것이다. 그런데 A가 벽을 향해 달려가면서 역시 1초 간격으로 공을 던지면 B는 벽에 부딪히는 시간 간격을 어떻게 느낄 것인가? 등속운동에서 운동시간은 $t=x/v$이므로 x가 자꾸 감소하기 때문에 B에게는 부딪히는 시간 간격이 줄어들게 된다. 공을 던진 빈도수(1초당 1개)를 진동수라고 하면 공을 던지는 사람이 앞으로 다가오면서 공을 던지면 빈도수, 즉 진동수가 증가하게 된다. 공을 소리나 빛이라고 가정하면 음원이나 광원에서 발생된 소리나 빛은 음원이나 광원이 관측자에게 다가올 때에는 진동수가 증가하고 멀어질 때는 감소한다. $v=f\lambda$ 또는 $c=f\lambda$에서 공기 중에서 소리의 속도인 v나 한 매질에서의 빛의 속도인 c는 일정하므로 움직이는 물체의 빠르기의 변화는 그 물체에 부딪쳐 돌아오는 소리나 빛의 진동수의 차이로 알아낼 수 있다.

그림 14.2 음원이 다가올 때는 음의 높이가 높아지고 멀어질 때는 낮아진다.

자동차가 달리면서 경적을 울리면 우리가 듣는 소리의 진동수는 자동차가 다가올 때는 높게, 멀어지는 경우에는 낮게 들린다. 이것을 발견자의 이름을 따서 **도플러**(Doppler) **효과**라고 부른다. 도플러 효과는 모든 파에서 일반적으로 나타나는 현상이며, 그 효과에 대해 조금 더 자세히 살펴보기로 하자.

문제를 단순화하기 위해 공기는 정지해 있고 소리가 음원으로부터 떠날 때 파의 속력은 음원의 속력과 무관하다고 가정한다. 음원의 진동수를 f, 파장을 λ, 공기 중에서의 음속을 v라 놓자. 관측자와 음원이

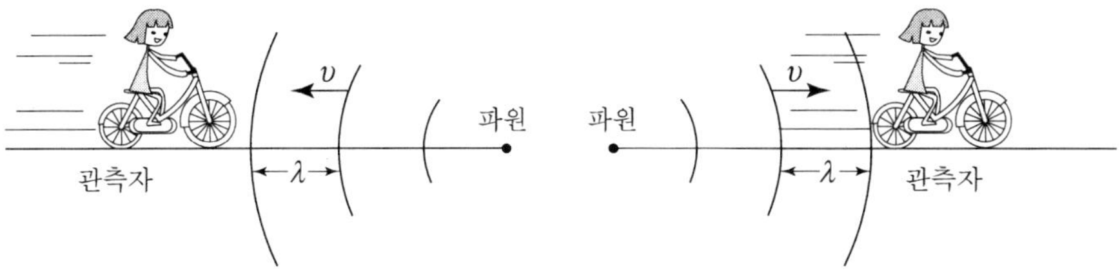

그림 14.3 관측자가 파원을 향해 갈 때와 멀어질 때 파장의 변화

정지해 있다면 관측자는 매초 f개의 파면을 감지하게 된다. 관측자가 음원을 향해 움직이는 경우 t초 동안 $v_0 t$의 거리를 움직인다. 이 시간 동안 관측자는 더 많은 파면을 감지하게 되는데 추가로 감지하는 파면의 수는 움직인 거리 $v_0 t$를 파장 λ로 나눈 값과 같다. 즉

$$\text{추가로 감지한 파면의 수} = \frac{v_0 t}{\lambda}$$

이다. 매초 추가로 감지하는 파면의 수는 v_0/λ이므로 관측자가 듣는 소리의 진동수 f'은

$$f' = f + \frac{v_0}{\lambda}$$

로 증가됨이 명백하다. $\lambda = v/f$를 위의 식에 대입하면

$$f' = f\left(\frac{v + v_0}{v}\right)$$

의 관계를 얻는다. 결국 매초당 감지하는 파면의 수가 증가함을 알 수 있다. 관측자가 음원으로부터 멀어지는 경우에는 v_0의 부호를 음으로 잡으면 되므로 파면의 수가 감소하게 된다.

반대로 음원이 움직이고 관측자가 정지해 있는 경우를 고려해 보자. 음원이 관측자를 향해 움직인다면 관측자가 듣는 파면 사이의 간격이 좁아지게 되고, 즉파장이 줄어들게 된다. 음원의 속도를 v_s라 할 때 주기 T의 간격으로 각진동이 계속되는 동안 음원은 $v_s T = v_s/f$의 거리

를 움직이고 파장은 이만큼 짧아지게 된다. 따라서 관측된 파장은

$$\lambda' = \lambda - \frac{v_s}{f}$$

로 주어진다. 반대로 음원이 관측자로부터 멀어진다면 v_s의 부호를 음으로 하면 된다. 관측자가 움직이거나 음원이 움직이거나 모두 움직이는 속력은 음의 속력보다는 느려야 한다. 빛의 경우에도 같은 결과를 얻을 수 있다.

우주는 대략 150억 년에서 180억 년 전에 하나의 점이 **대폭발**(big bang)하여 오늘날에 이르고 있다고 하는 것이 정설로 되어 있다. 그렇다면 그 폭발을 증명하는 방법은 없는 것일까? 이것을 우리가 배운 도플러 효과로 증명할 수도 있다. 지구로부터 멀리 떨어진 별이나 은하계의 빛은 오랫동안 우주 공간을 지나 우리에게 도달한 것이다. 만약에 그 별이 지구에 대해 정지해 있다면 그 별빛의 파장은 변화가 없을 것이다. 그런데 별빛을 스펙트럼으로 오랜 시간 동안 분석하여 본 결과 별빛의 파장이 자꾸 붉은색 쪽으로 치우치는 것을 발견하였다(이것을 적색이동이라고 한다). 별빛이 붉은색 쪽으로 치우친다는 것은 파장이 증가한다는 것이고 파장이 증가한다는 것은 그 별이 지구로부터 멀어지고 있다는 것을 증명하는 것이 아닌가? 더군다나 여러 관측의 결과로 보면 멀어지는 속력이 지구로부터 멀리 떨어질수록 증가하는 것으로 나타났다. 이러한 결과는 현재 대우주가 팽창하는 것으로 볼 수 있는 증거인 것이다. 우주적인 거리 측정법을 이용하여 측정한 그 별까지의 거리를 별이 멀어지는 속도로 나누어주면 지구와 별이 한 몸이 된 기간까지 역산할 수가 있을 것이고 이것을 대략의 우주의 나이로 추정할 수 있다. 빅뱅 이후부터 우주의 모든 물질은 바깥쪽을 향하여 퍼져 나가는 팽창을 시작하였고, 그 이후 팽창이 계속되고 있는 것이다. 이러한 팽창은 언제까지고 계속될 것인가? 아직까지는 불분명하지만 우주를 이루는 모든 물질이 결국에는 만유인력에 의해 팽창을 멈출 수도 있을 것이

라는 예측이 있다. 팽창이 멈추면 다시 수축이 일어나게 될 것인데, 이것을 **빅 크런치**(big crunch)라고 한다. 빅 크런치가 완성되면 또다시 빅뱅이 일어날 수도 있겠지만 이것은 아마도 수백억 내지는 수천억 년 뒤에나 일어날 수 있는 일이니 그런 걱정은 접어두자. 또한 빠르게 자전하는 별의 경우에는 지구를 향하는 방향으로 자전할 때는 적색이동의 반대인 청색이동을, 멀어지는 방향으로 자전할 때는 적색이동을 하므로, 이것을 이용하여 그 별의 자전속도를 계산할 수도 있다.

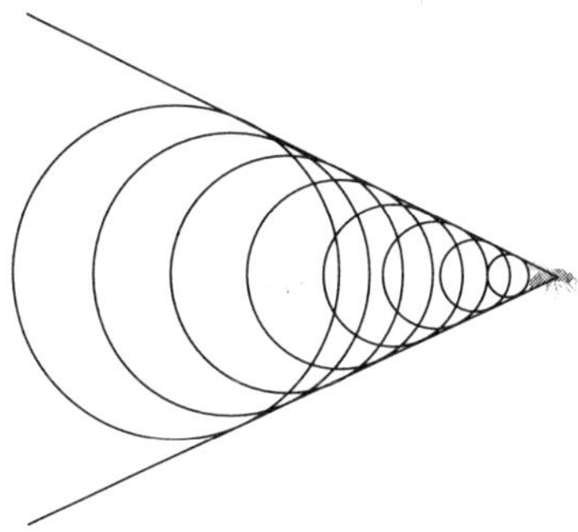

그림 14.4 벌레가 수면파의 속력보다 빠르게 헤엄치면 V 형태의 파면이 생긴다.

벌레가 자신이 만드는 수면파보다 빠르게 헤엄쳐 나가면 그림 14.4와 같이 파면의 가장자리가 서로 겹쳐 V자형을 이루며 이러한 모양을 두부파(bow waves)라고 한다. 수면파의 진행 속력과 벌레의 진행 속력이 같다가 벌레의 속력이 빨라지는 순간 2차원의 충격파인 두부파가 만들어지는 것이다. 호수 위를 달리는 모터보트가 이런 모양을 만들어내는 것을 종종 볼 수 있다. 두부파는 2차원 형태이지만 초음속 비행기는 3차원의 두부파인 충격파를 만들어낸다. 두부파는 원형 파면이 겹쳐 V자형이 만들어지지만 충격파는 구형 파면이 겹쳐 원추형으로 만들어진다. 모터보트가 만드는 두부파가 호수의 가장자리에 심한 물결을 만들듯이 충격파도 원추형의 압축공기가 지상으로 전달되는데, 이것을 **소닉붐**(sonic boom)이라 한다. 소닉붐이 일어나는 순간 압축된 공기가 폭발하는 것 같은 충격음이 발생한다. 2009년 4월 초순경 전주지역에 정체 모를 굉장히 큰 소리와 함께 유리창이 흔들려 인근 주민들이 무척 놀란 일이 있었는데 이는 오산에서 비행을 시작한 미공군 전투기의 소닉붐으로 밝혀졌다. 느리게 움직이는 비행기는 소닉붐을 만들어내지 못하는데 그 이유는 발생된 음파가 차례대로 우리 귀에 전달되기 때문이다.

충격파는 소리를 내는 물체만 만들어내는 것이 아니고 물체의 움직임이 소리보다 빠르게 움직이면 발생된다. 예를 들어 조련사가 휘두르는 채찍의 '찍' 하는 소리나 군대에서 담요를 마주잡고 털 때 나는 소리나 물수건을 털 때 나는 소리 등도 작은 규모의 소닉붐이다. 채찍이나 수건 등은 음원이 아니고 그 끝의 움직임이 초음속으로 움직이기 때문에 나는 소리이다. 또한 번개가 칠 때 나는 천둥소리도 번개 주변의 공기가 급격히 가열되어 팽창되기 때문에 발생하는 일종의 소닉붐이다.

질문

1 급한 환자를 실은 앰블런스가 사이렌을 울리며 관측자를 향해 다가오고 있다. 관측자에게 들리는 사이렌 소리의 파장과 음속은 어떻게 될까?

2 초음속 비행기의 속력이 더 빨라지면 원추형 충격파의 각이 넓어지는가, 좁아지는가, 아니면 변화가 없는가?

3 높게 날고 있는 비행기를 쳐다보고 있을 때 비행기 소리는 현재 우리가 보고 있는 비행기보다 뒤쪽에서 나는 것으로 들리는데 그 이유는 무엇일까?

제 15 과
아름다운 무지개

소나기가 온 뒤 나타나는 무지개는 어떤 원리로 그렇게 아름다운 일곱 빛깔의 색을 가질까? 동화 속 주인공이 아니더라도 무지개 끝에는 무엇이 있을까, 혹시 보물이 감추어져 있는 장소는 아닐까, 한번 가볼까 하는 등의 호기심은 어릴 때 한 번쯤 가져보았던 상상일 것이다.

빛이 진행하는 경로에 대해서는 두 가지의 법칙이 있는데, 반사와 굴절의 법칙이 그것이다. 벽에 공을 던져 부딪힐 때 공이 부딪히는 위치에 벽과 수직하게 직선을 그으면 공은 입사와 반사의 각이 같게 튕겨진다. 즉, 입사하는 각과 반사하는 각이 같은데, 이것을 **반사의 법칙**이라 한다. 또한 물질에서 진행하던 빛이 다른 물질로 들어가게 되면 경계면에서 빛의 경로가 꺾어지게 되는데, 이것을 굴절이라 한다. 빛의 굴절현상은 빛이 진행하는 두 물질의 밀도 차이에 의해서 발생하며 발견자의 이름을 따서 **스넬(Snell)의 법칙**이라고도 한다.

빛은 두 점 사이를 가장 빠른 시간에 통과하는 경로를 통해서 전달되며 이것은 **페르마(Fermat)의 원리**라고 부른다. 그래서 빛은 두 점을 잇는 가장 짧은 거리를 지나게 되는데 이러한 빛의 성질을 직진이라고 한다.

그림 15.1에서 θ_1과 θ_2는 각각 입사각, 굴절각이라 하며 두 매질에서의 빛의 속도를 v_1, v_2라 하면 θ_2는

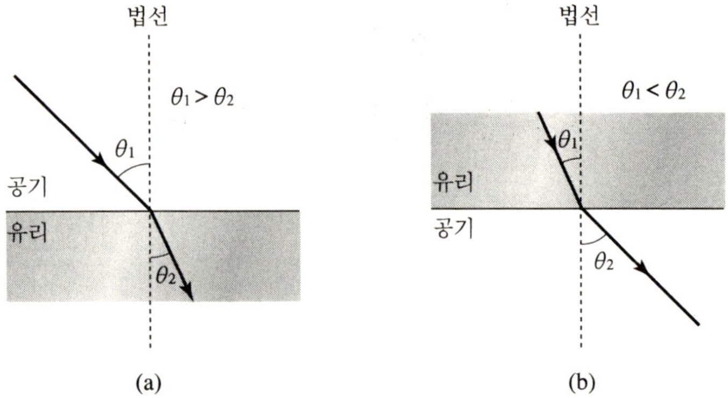

그림 15.1 광선의 진행에 따른 굴절의 변화

$$\frac{\sin\theta_1}{\sin\theta_2} = \frac{v_2}{v_1} = \text{일정}$$

으로 정의된다. 이때 굴절률은

$$n = \frac{\text{진공 속에서의 빛의 속력}}{\text{매질 속에서의 빛의 속력}} = \frac{c}{v}$$

로 정의된다. 두 매질을 통과하는 빛의 진동수는 일정한데 만일 진동수가 일정하지 않다면, 즉 두 매질의 경계면에서 에너지($E = h\nu$)가 변한다면 각 파면이 경계면에서 쌓이거나 파괴되거나 생성되어야 한다.

그림 15.2에서 $n_1 = \frac{c}{v_1}$, $n_2 = \frac{c}{v_2}$이고, 빛의 속도 c는 일정하므로

$$\frac{n_2}{n_1} = \frac{\frac{c}{v_2}}{\frac{c}{v_1}} = \frac{v_1}{v_2} = \frac{\nu\lambda_1}{\nu\lambda_2}$$

$$\therefore\ n_1\lambda_1 = n_2\lambda_2$$

가 되고, 이것은 스넬의 법칙의 또 다른 표현이다. 여기서는 굴절률이 작은 매질에서 굴절률이 큰 매질로 빛이 입사하면 빛의 파장이 감소된다는 것을 보여준다.

빛이 한 매질에서 다른 매질로 들어갈 때 발생되는 굴절의 원인은 두 매질의 밀도 차이와 입사되는 빛의 파장의 차이이다. 입사하는 빛의 파장이 길수록 덜 꺾이고 파장이 짧을수록 많이 꺾인다. 가시광선이 공기 중의 물방울을 통과할 때 빨간색이 두 매질의 경계면에서 덜 꺾이므로 무지개의 맨 위쪽은 빨간색, 아래쪽은 많이 꺾인 보라색이 되어 일곱 빛깔의 무지개가 되는 것이다.

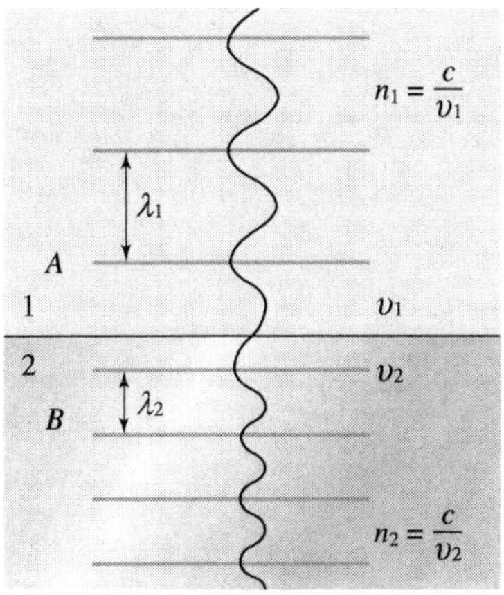

그림 15.2 파동이 매질 1에서 매질 2로 진행할 때 파장은 변하지만 진동수는 변하지 않는다.

태양광을 프리즘에 통과시켜 보면 여러 개의 색으로 나뉘어 보이는 **분산 현상**이 일어나는데, 이것으로 여러 개의 색이 모여 태양광이 되었다는 것을 알 수 있다. 태양광선 중에서 우리 눈에 보이는 가시광선은

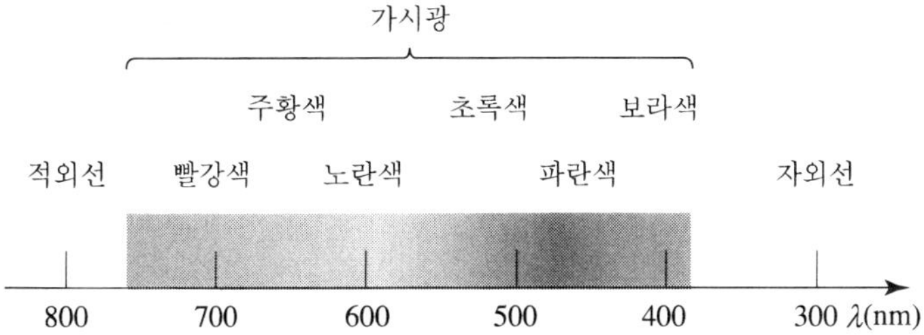

그림 15.3 전자기파인 빛 중에서 가시광선 영역

일곱 가지의 색이 모여 이루어졌으며 이것을 백색광이라고도 한다. 가시광선에 포함된 색깔에 따라 빛의 파장이 다르며 빨간색은 파장이 길고 보라색은 파장이 짧다.

그런데 색깔마다 굴절률이 다른 이유는 무엇일까? 빛이 공기 중에서 유리나 물과 같은 매질로 들어가면 굴절을 하는데 이것은 경계면에서 빛의 속도가 변하기 때문이다. 즉, 물질 속에서 빛의 속도는 빛의 진동수에 의존되어 빨간색과 보라색의 속도가 다르게 된다. 투명체는 공명되는 자외선과 적외선은 흡수하고 가시광선은 투과시키기 때문에 투명한 것이다. 이때 보라색은 빨간색보다 흡수되어 있는 시간이 길어서 속도가 더 느려진다. 이와 같이 프리즘을 통과한 태양광선이 여러 가지 색으로 나누어지는 이유는 각 색의 굴절률이 다르기 때문인데, 이것을 **분산**(dispersion)이라 한다.

표 15.1 굴절률

색상	보라	파랑	초록	노랑	주황	빨강
산란율	1.532	1.528	1.519	1.517	1.514	1.513

또 빛이 대기 중을 통과할 때에는 대기 중의 입자들과 충돌하여 흩어지게 되며, 이러한 현상을 **산란**(scattering)이라고 한다. 파장이 짧을수록 단위시간당 움직이는 횟수(진동수)가 크기 때문에 대기층을 통과할 때 방해를 많이 받게 되어 산란되기 쉽다. 따라서 빛의 산란율은 파장에 따라 다르며 무지개가 나타나는 이유는 바로 빛의 산란현상 때문이다. 이렇게 빛이 파장에 따라 다른 산란율을 갖는 것을 **레일리**(Rayleigh)**의 법칙**이라 하며, 레일리의 법칙은 산란 정도가 파장의 4제곱에 반비례함을 보인다. 이 관계를 이용하여 무지개의 상대적인 강도를 계산하면 표 15.2와 같다.

표 15.2 산란에 의해 세기가 감소하는 정도

색상	빨강	주황	노랑	초록	파랑	보라
산란 비율	1	2	2.5	3	6	10

대기 중에서 빛이 산란될 때 보라색이 가장 많이 산란되지만 우리 눈은 보라색에 둔감하여 보라색보다는 파란색에 쉽게 반응하기 때문에 하늘이 파랗게 보인다. 그러나 먼지가 있는 날에는 하늘이 뿌옇게 보이는데 이것은 여러 가지의 색이 불규칙하게 산란되고 혼합되어 나타나기 때문이다. 태양이 뜨거나 질 때는 태양이 지평선 근처에 있으며 이때에는 태양이 통과하는 공기층이 두꺼워지므로 산란이 잘 되는 파란색은 모두 산란되고 상대적으로 산란이 덜 되는 빨간색만 우리 눈에 도달하여 노을이 붉게 보이는 것이다.

빛이 물체에 입사되면 물질의 원자에 속박되어 있는 전자를 진동시킨다. 그런데 입사된 빛 중에서 물체에 속박된 전자의 진동수와 같은 진동수를 갖는 빛은 전자의 진동을 더 잘 일어나게 하는데 이것을 공명이라 한다. 물의 경우에는 거의 모든 빛을 투과시키지만 물분자가 적외선의 진동수에 공명하기 때문에 적외선은 모두 흡수한다. 빛이 물속으로 입사되면 적외선의 진동수와 물원자 내 전자의 진동수가 같아서 적외선이 흡수되는 것이다. 물은 흡수한 적외선의 에너지 때문에 데워지게 된다. 또한 물분자는 적외선과 근접한 진동수의 붉은색과도 약간은 공명하기 때문에 붉은색이 흡수되어 물속으로 30 m 정도가 되면 물은 청색 계통이 된다.

구름과 파도가 하얀색인 이유는 빛의 산란 때문이다. 구름이나 파도는 다양한 크기의 물방울로 되어 있기 때문에 그 크기에 따라 다른 파장의 빛을 산란시킨다. 큰 물방울은 긴 파장(붉은색)을 작은 물방울은 짧은 파장(보라색)을 산란시키므로 결과적으로 모든 가시광선을 산란시키게 되어 우리 눈에는 흰색으로 보이는 것이다.

위험 신호나 신호등의 정지등이 빨간색인 이유는 파장이 긴 빨간색 쪽일수록 산란이 잘 일어나지 않는 성질을 이용한 것이다. 이것은 빛의 세기는 파장의 네제곱에 반비례한다는 레일리의 법칙을 활용한 결과이다. 파랑이나 보라색보다는 빨간색이 산란이 잘 일어나지 않기 때문에 더 멀리 전달되어 위험신호의 색으로 적당한 것이다.

이번에는 반대로 굴절률이 큰 매질에서 작은 매질로 빛이 입사할 때 그 경계면에서 일어나는 재미있는 현상에 대해 살펴보자. 이때에는 그림 15.4에서처럼 굴절각이 입사각보다 크므로 어떤 입사각에서는 굴절각이 90°인 경우가 생기는데, 이때의 입사각을 임계각이라 한다. 입사각이 임계각을 넘으면 모든 빛이 경계면에서 반사되는데, 이것을 **전반사**라 한다.

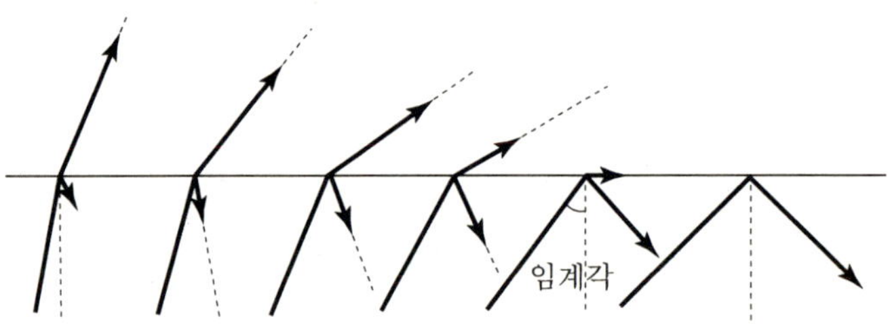

그림 15.4 임계각보다 큰 각으로 나오는 빛은 전반사된다.

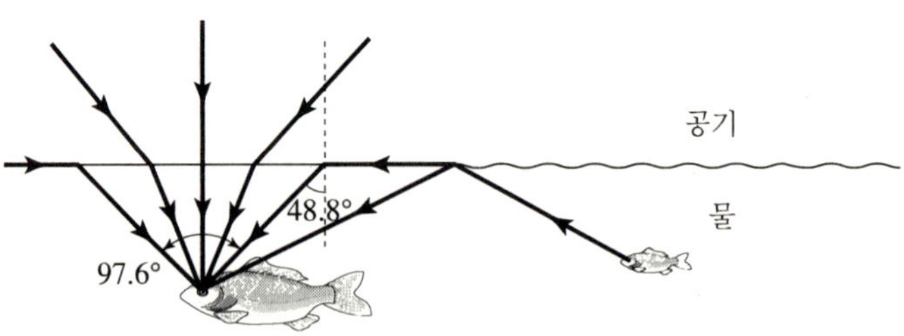

그림 15.5 물속의 물고기는 목이 없어도 뒤를 볼 수 있다.

전반사가 일어나는 각에서는 180°를 볼 수 있기 때문에 물속에 있는 물고기는 뒤를 돌아보지 않고 뒤쪽을 살필 수 있는 경우도 있다. 그래서 물고기는 목이 없는 것이 아닐까? 또 물속에서 물 밖을 볼 때는 굴절각이 입사각보다 크기 때문에 넓은 영역을 볼 수 있다. 이러한 전반사를 활용하는 것으로 광섬유가 있다. 광섬유는 지름이 5~50 μm인 유리선으로 되어 있는데 유리면에서의 전반사가 일어나는 임계각은 41°이다. 이 임계각 이하로 빛에 신호를 실어 보내면 손실 없이 고속으로 다량의 양호한 품질의 신호를 전송할 수 있다. 이러한 광통신은 광섬유 한 가닥에 백만 통화가 가능하며 초고속 인터넷 컴퓨터 통신에도 활용된다. 또한 광섬유 다발은 일정한 면적의 빛을 전달할 수 있으므로 내시경 조명등에도 이용된다.

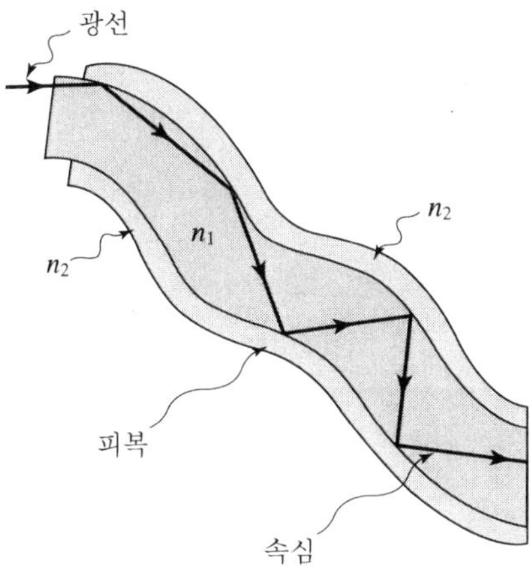

그림 15.6 광섬유로 입사된 빛은 입사각이 임계각보다 클 경우 전반사를 일으킨다. 광섬유의 굴절률(n_1)보다 굴절률(n_2)이 작은 물질로 피복하여 전반사가 원활하게 일어나도록 한다.

질문

1 어떤 물질이 투명한지 불투명한지를 결정하는 것은 무엇인가?

2 보통 우리 눈에 보이는 무지개는 왜 반원형일까?

3 다이아몬드는 왜 휘황찬란한 빛으로 반짝거리는 것일까?

제 16 과

소리가 울리는 빈 집

이사를 하려고 가구를 모두 끌어낸 빈 집에서는 소리가 울려서 더 휑한 느낌이 든다. 또 화장실에서 이동전화로 통화할 때 소리가 울려 민망한 경험을 종종 한다. 가구가 적당히 채워져 있는 실내에서는 발생된 소리가 가구에서 여러 번 반사되는 동안 흡수가 일어나 지워지게 된다. 마치 음악 감상실 실내에 흡음제를 벽에 붙여 놓은 것과 같은 이치이다. 흡음제를 붙여 놓으면 일반 벽보다 표면적이 넓어질 뿐만 아니라 울퉁불퉁하므로 반사 횟수가 증가하여 소리의 에너지가 많이 흡수된다. 그러나 가구가 없거나 적을 때에는 직접 전달되는 소리와 흡수가 덜 일어나 반사되는 소리가 시간적 차이가 생겨 울림현상이 일어난다. 화장실 벽은 타일로 되어 있기 때문에 흡수되는 소리보다는 반사되는 소리가 많아 울림현상이 심하게 일어나는 것이다. 이와는 반대로 눈이 소복하게 쌓인 날 밖에 나가보면 평소보다 주위가 굉장히 고요하고 조용하지 않은가? 이것은 육방형의 구조를 갖는 눈이 좋은 흡음제 역할을 하기 때문이다.

두 가지의 용어를 먼저 정리하기로 하자. 시간에 따라 왕복운동하는 것을 **진동**이라 하며, 진동은 멈추어 있을 수가 없고 움직이는 시간이 필요하다. 진동이 시간과 공간적으로 움직이는 것을 **파동**이라고 한다. 소리나 빛은 모두 파동으로서 진동하며 공간을 통해 퍼져 나가지만 물리적으로는 서로 다른 파동이다. 빛과 소리의 본질은 에너지로서 소리는 전달되기 위해 어떤 매질이 필요한 반면에 빛은 매질이 필요 없는 전자기장의 진동이다. 소리는 공기의 진동이 만들어 내는 파동이 귀에 전달되는 것이며 공기분자들이 1초에 몇 번 왕복운동하는가를 소리의 진동수라 하고 단위는 헤르츠 [Hz]이다.

소리는 공기와 같은 기체뿐만 아니라 액체나 고체 속에서도 전달된다. 풀장에서 수영을 할 경우 물속으로 잠수를 해 보면 많은 소리를 크고 또렷하게 들을 수 있으나 물 밖으로 나오면 그 소리가 거의 들리지 않거나 아주 작게 들린다. 어린 시절 기차 레일에 귀를 대본 경험이 있는 학생은 보이지도 않는 기차소리를 아주 빠르고 크게 들을 수 있었을 것이다. 이와 같이 소리는 공기 중에서보다 액체나 고체 속에서 더 빠르게 전달된다. 표 16.1은 여러 매질 속에서의 소리의 속력을 보여준다.

표 16.1 소리(음파)의 속력

매질	공기	수증기	바닷물	구리	알루미늄	유리	강철
속력(m/s)	343	494	1,519	3,810	5.000	5,170	5,200

표에서 공기 중의 속력은 건조한 20℃의 경우인데 0℃일 때는 이보다 느린 330 m/s이다. 공기의 온도가 높아지면 분자들의 운동이 더 빠르게 운동하므로 소리가 전달되는 시간이 짧아지는 것이다. 실험에 의하면 0℃ 이상에서 온도가 1℃ 올라갈 때마다 0.6 m/s씩 빨라진다. 물질 내에서의 소리의 속력은 물질의 밀도는 물론이고 물질의 탄성도와 깊은 관계가 있다. 탄성도란 변형이 일어났을 때 다시 원래대로 돌아오는 성질을 말한다. 탄성도가 높다는 것은 원자들이 비교적 조밀하게 분포하고 있다는 것이기 때문에 서로의 운동에 빠르게 반응한다. 따라서 에너지가 전달될 때 손실이 적게 일어나기 때문에 소리의 전달속도가 빠르게 되는 것이다.

그림 16.1 그네의 고유진동수에 잘 맞추어(공명) 힘을 주어야 그네를 높게 탈 수 있다.

울림현상이 아주 이상적으로 일어나는 것을 **공명**이라 한다. 그네에 타고 있는 어린아이를 밀어줄 때 그네가 높게 흔들리도록 하려면 어떻게 해야 할까? 그네는 기본적으로 줄의 길이와 관계되는 **고유진동수**를 갖고 있는 진자이다. 고유진동수는 물체의 탄성이나 모양에 의존하는 것으로 종으로 연주하는 캐롤을 들어보면 작은 종과 큰 종의 소리가 다르게 들리는 것은 그들의 고유진동수가 틀리기 때문이다. 그네는 일정한 시간 간격으로 밀어주는 동작에 의해 흔들리게 되며 그네가 돌아올 때마다 힘을 주어 흔들어 주어야 높이 올라가게 할 수 있다. 이것은 그네의 진동수와 똑같은 진동수로 힘을 가하여 진동의 폭을 크게 하는 것이다. 이와 같이 진동하는 물체에 외부에서 일정한 주기로 힘을 가해서 흔들어 주는 것을 **강제진동**이라고 한다. 그네의 고유진동수와 밀어주는 진동수가 같으면 그네는 잘 흔들리게 되고 이것을 공명되었다라고 한다. 즉, 고유진동수와 강제진동의 진동수가 같을 때 물체의 진폭은 증가하게 되고 이것을 공명이라고 하는 것이다.

일반적으로 많은 수의 군인들이 다리를 건널 때에는 발을 맞추어 걷지 않는데, 이는 다리의 고유진동수와 군인들의 발 진동수가 같게 되어 다리의 흔들림이 증폭될 경우 다리가 파괴되는 일이 일어날 수도 있기 때문이다. 실제로 1940년 미국 워싱턴에 있는 타코마 협교가 바람에 흔들려 출렁이다가 진폭이 증가하여 결국에는 부서져 붕괴된 일이 있었다. 지진이 일어날 때에도 다리가 무너지는 가장 큰 이유는 다리의 고유진동수와 지진의 진동수가 같아 일어나는 공명현상이다. 그러나 공명이 이렇게 부정적인 면만 있는 것은 아니고 긍정적인 면도 많이 있다.

라디오, 텔레비전, 휴대전화 등에는 전기적인 공명현상이 응용된다. 교실에서 강의를 듣고 있는 많은 학생들이 휴대전화를 모두 켜 놓았을 때 켜 놓은 휴대전화 중에서 특정 번호의 학생에게만 전화가 오는 이유는 무엇일까? 외부에서 특정 전화번호에 전화를 건다는 것은 그 전화가 갖는 고유진동수의 전자파에 신호를 실어 방출하는 것이다. 그러면 그 고유진동수를 갖는 전화에서만 공명현상이 일어나 그 신호가 잡히는 것이다. 공항이나 법원의 금속탐지기는 여러 번 감은 코일로 되어 있고 평소에는 공명상태의 큰 전류가 흐른다. 그런데 금속탐지기를 통과하는 사람이 금속의 물질을 지니면 회로의 공명상태가 흐트러지게 되고 전류가 급격히 떨어져 벨을 울리게 한다.

바이올린이나 기타 같은 현악기들은 음을 맞추기 위해 조율을 하여야 하는데 줄의 장력을 조정하여 진동수를 조정하는데 이것을 조율이라고 한다. 줄의 진동수는 $f=\sqrt{\frac{T}{\rho}}$ 로 정의되며, T는 장력이고, ρ는 줄의 밀도이다. 따라서 줄을 팽팽하게 잡아당기면 진동수가 증가하고 진동수의 증가는 높은 소리를 내게 된다. 현악기의 줄이 진동하면 주변의 공기를 진동시켜 소리를 내는데 줄은 많은 공기를 움직이게 할 수 없기 때문에 큰 소리를 낼 수 없다. 그래서 울림통 위에 줄을 고정시켜 놓고 줄을 진동시키면 통이 울리게 되고, 통의 모양에 따라 다양한 음색을 만들게 되며, 이때 줄의 진동과 통의 진동이 잘 공명하여야 좋은 소리를 낼 수 있다.

그런데 낮은 소리를 내는 악기일수록 크기가 큰 이유는 무엇일까? 소리의 세기는 파동에너지이고 단위시간 동안 단위면적당 전달되는 에너지로 정의한다. 또 소리의 높이는 진동수가 클수록 높고, 소리의 크기는 진동의 진폭이 클수록 크다. 즉 같은 높이의 소리일 때 진폭이 클수록 크고, 같은 진폭의 소리일 때 진동수가 클수록 높다. 즉, 빠른 진동수의 소리는 날카로운 고음을 만들고 느린 진동수는 깊은 저음을 만들기 때문이다.

소리도 빛과 같이 반사와 굴절이 일어난다. 소리의 반사는 평평한 면에서 빛이 반사되듯이 입사각과 반사각이 같도록 반사된다. 이때 반사되는 에너지는 표면이 평평하고 딱딱할수록 크고, 부드럽고 울퉁불퉁할수록 작다. 목욕탕 같이 공간의 반사면이 좋으면 소리의 여운이 생기고 노래를 불러보면 평소보다 노래를 잘 부르는 것 같이 들리게 된다.

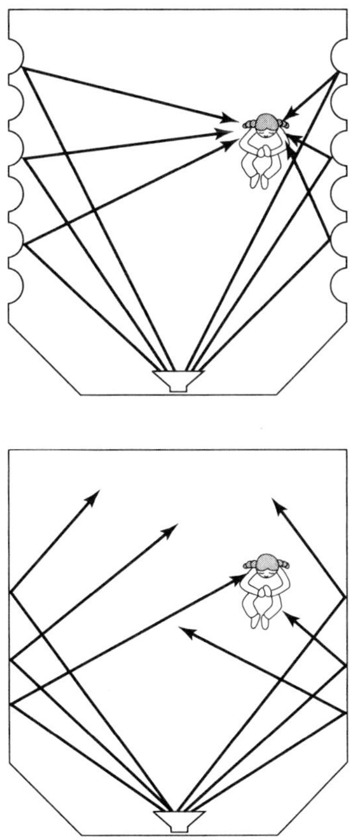

그림 16.2 소리도 빛과 같이 반사와 굴절이 일어난다. 좋은 소리를 듣기 위해서는 스피커도 중요하지만 반사벽면의 성질도 중요하다.

그러나 반사면이 좋지 않으면 소리가 흡수되어 여운이 없어진다. 연주회장 같은 음악 홀을 설계할 때는 이러한 소리의 특성을 고려하여 무대 뒤나 천장 등을 반사가 잘 되는 재질로 만든다. 그렇게 해야 성악가가 마이크 없이 무대 중앙에서 부르는 노래가 홀 전체에 고르게 울려 퍼져서 청중들이 멋있는 음악을 감상할 수 있기 때문이다.

그런데 누구나 공부를 열심히 한다거나 무엇엔가 집중을 하고자 하는데 주변에서 오디오를 크게 틀어서 아주 심한 방해를 받은 경험이 있을 것이다. 이럴 때는 어떻게 해야 방해를 받지 않을까? 물론 오디오를 끄거나 음량을 줄이면 되겠지만 그럴 상황이 아니라면 말이다. 소리의 근본이 파동이라는 사실은 앞에서 공부하였다. 파동이 2개 이상 만나면 위상이 같은 파동끼리는 커지고, 위상이 반대인 파동끼리는 작아지거나 없어진다. 위상이 커지는 현상을 보강간섭, 작아지거나 없어지는 현상을 소멸간섭이라고 한다. 이러한 간섭현상을 이용하여 다른 사람에게는 들리지 않고 사용자만 들을 수 있는 '음향집중형 개인용 음향 시스템'이라는 것을 국내 과학자가 개발하였다. 사용자가 있는 위치에서만 그 소리가 들리고 다른 위치에서는 소리가 지워지게 하는 기술이다.

이러한 간섭현상을 이용하여 소리를 지우려는 노력은 오래 전에 시도되었는데, 이것을 능동소음제거(Active Noise Control, ANC)라고 한다. ANC는 소음과 반대 위상을 갖는 다른 소음을 만들어 소음을 지우는 것이다. 예를 들어 굴착기의 소리를 녹음하고 분석하여 반대 위상의 소리를 발생시키면 굴착기의 엄청난 소음을 지울 수 있다. 고속도로나 철로 주변에 설치하는 높은 방음벽은 비용이 많이 들기도 하지만 미관상 좋지 못하다. 그러므로 이런 곳에 ANC 기술을 활용하면 소음을 제거할 수 있다. 그러나 기존의 ANC에는 발생하는 소음 외에 현장에서 불규칙한 소리가 발생하는 경우 오히려 소음이 더 커질 수도 있다는 한계점이 있다. 그래서 최근에는 현장에서 소음과 반대 위상의 소리를 동시에 발생시켜 지우려는 노력이 시도되고 있기는 하지만 아직은 반도체의 응답지연시간의 문제 때문에 정확하게 소멸간섭을 일으키는 데에는 그 또한 한계가 있다. 멀지 않은 미래에는 이러한 문제점들을 제거하여 듣고 싶은 소리만 듣는 시대가 올 것이다.

전기용접을 할 때나 여름철 태양이 화창한 날 바닷가에서 우리는 빛으로부터 눈을 보호하기 위하여 선글라스를 끼거나 여러 가지 노력을 한다. 그러나 귀를 보호하기 위해서는 특별한 노력을 하기는커녕 오히려 귀를 망치는 경우가 아주 많다. 젊은이들 중 어떤 사람들은 MP3 등으로 음악을 감상할 때 이어폰을 귀에 꽂고 큰 소리로 듣는데 아주 위험천만한 일이다. 우리 귀는 큰 소리에 적응을 쉽게 하고 한 번 적응을 하면 그보다 작은 소리는 잘 듣지 못하게 된다. 그러니 큰 소리에 적응되었다는 것은 귀가 상했다는 말인데, 귀가 상했다는 말은 귓속의 청각세포는 일단 파괴되면 절대로 회복이 되지 않기 때문이다. 음악은 그래도 나은 편이다. 사격을 할 때 나는 소리나 공장의 불규칙한 소음 등은 어느 순간 갑자기 강한 에너지로 귀를 자극하기 때문에 아주 위험하다. 나중에 잘 듣지 못하는 장애를 갖지 않도록 귀를 잘 보호하는 것은 스스로 할 수 있는 일이지 않겠는가?

그림 16.3 큰 종의 고유진동수는 작은 종의 고유진동수보다 작기 때문에 낮은 음을 낸다.

소리 중에서 사람의 귀에 들리는 음보다 높은 진동수인 16,000 Hz 이상의 음파를 **초음파**라고 한다. 초음파는 전기에너지를 음향에너지로 변환시키는 변환기를 이용하여 발생시킨다. 발생된 초음파는 보통의 음파와 마찬가지로 음향학적인 법칙이 성립하지만 진동수가 크고 파장이 짧으므로 강도가 큰 방향성 있는 음파를 얻을 수 있다. 이 음파는 흡수, 반사의 정확한 측정이 가능하고 일반적인 음파에서는 볼 수 없는 여러 현상이 나타나기도 한다. 초음파는 물분자를 강하게 흔들어 물보라를 만들 수 있으며 진로상의 매질을 부분적으로 가열시켜 팽창 시에 생기는 격렬한 장력으로 수천만 개의 기포를 만들기도 한다. 발생된 기포가 터질 때 발생되는 에너지로 초음파를 받은 물질은 기계적, 화학적인 변화를 일으키기 때문에 강한 세척작용을 하거나 바이러스를 죽이는 데도 쓰인다.

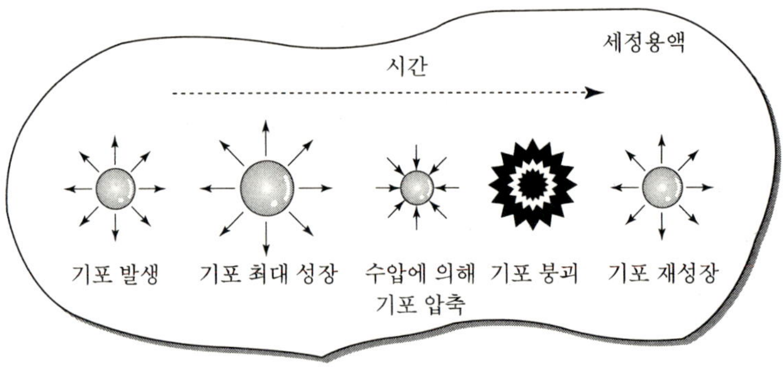

그림 16.4 초음파가 물 또는 세정액으로 전파할 때 기포가 발생하며 기포가 붕괴하는 순간 수십 밀리초 정도의 짧은 시간에 압력이 수백 기압에 이르러 강력한 세척작용을 한다. 이러한 것을 캐비테이션(cavitation) 현상이라 한다.

이러한 초음파는 다음과 같이 여러 분야에서 유용하게 활용된다. 초음파의 정확한 반사 성질을 이용하여 어군을 탐지하거나 수중 지형을 측량하고 군사적으로는 수중 레이더로 사용한다. 또 송유관이나 가스관, 철도의 차축 같은 고체 물질 내부의 결함을 물체를 손상시키지 않고 검사하는 비파괴검사에 응용된다. 초음파는 좁은 영역으로 높은 에너지를 보낼 수 있기 때문에 보석류를 가공할 때나 알루미늄·니오브와 같은 용접이 어려운 금속을 용접하는 초음파 용접에도 활용된다.

초음파 진단은 무혈적인 검사이고, 고통을 주지 않으며, X선이나 방사선의 피폭 위험성이 없으며, 화상 신호로 전환이 가능하다는 특징이 있다. 따라서 태아의 태동이나 심박동을 검사하여 기형의 유무를 찾아낼 수 있고 자궁암이나 각종 장기의 종양검사 또는 심장 판막검사 등 의료 분야에서도 폭넓게 쓰이고 있다. 소리의 한 종류인 초음파가 이렇게 다양하게 활용된다니 놀랍지 않은가? 또한 박쥐는 초음파를 발생하고 감지하여 장애물이나 먹이를 식별하고, 돌고래도 수중에서 물고기를 사냥하는 데 쓰며, 반대로 쥐는 고양이가 들을 수 없는 높은 진동수의 초음파를 발생하여 위험을 알리는 등 동물들도 초음파를 생존에 적극 이용하여 살아간다.

우리가 일상생활을 해 나가는 데 있어서 가장 큰 피해를 줄 수 있는 진동은 지진이다. 지진파는 종파인 P파, 횡파인 S파, 표면파인 L파가 있다. P(primary wave)파는 고체, 액체, 기체를 모두 통과하고 진폭이 작으며, S(secondary wave)파는 고체만을 통과하는 진폭이 큰 진동이고, L(long wave)파는 지표로 전달되는 파동이다. 이 중에서 진폭이 큰 S파가 가장 큰 피해를 주는 지진파이다. 정신을 못 차릴 정도로 마구 흔들어 대는 지진을 어떻게 해야 피할 수 있을까? 지진에 대응하는 방법은 내진(耐震), 면진(免震), 제진(制震)이 있는데, 이것들에 대하여 간단히 살펴보자.

지진은 땅이 흔들리는 것이기 때문에 내진이라는 것은 철근콘크리트 등으로 건물을 보다 더 튼튼하게 지어 작은 지진에는 피해를 줄이고

그림 16.5 건물에 롤러스케이트를 신기자.

큰 지진에는 피하는 시간을 벌도록 하자는 것이다. 그러나 이 방법은 지진이 지나간 뒤에는 건물을 못 쓰게 된다. 면진은 흔들리는 땅에서 건물을 분리시켜 지진의 피해를 막아보자는 것이다. 예를 들어 건물과 땅 사이에 진동의 충격을 완충시킬 수 있는 스프링이나 방진고무 패드를 설치하여 진동에 의한 흔들림을 최소화하자는 것이다. 제일 좋은 방법은 건물을 땅에서 띄우면 되겠지만 불가능한 것이고 가능한 것은 건물을 물 위에 띄우는 방법이 있다.

진동이 커질수록 피해가 증가하기 때문에 내진이나 면진은 건물의 흔들림을 최소화하자는 의미이다. 그러나 제진은 진동의 반대 방향으로 건물을 흔들어 지진의 진동을 상쇄시키는 간섭을 일으키자는 것이다. 즉, 건물에 입력되는 진동을 파악하여 인위적인 힘을 반대 방향으로 가해 진동을 감쇠시키거나 공명을 피하여 피해를 줄이도록 하자는 것이다. 그러나 인간이 위협적인 자연의 도전을 어느 정도까지 막을 수 있을까?

질문

1 소리의 반사를 메아리라고 하는데, 메아리 소리는 원래 소리보다 왜 작게 들리는가?

2 번개를 본 후 천둥소리를 4초 후에 들었다면 번개가 일어난 곳까지의 거리는 얼마나 될까?

3 진동의 종류에는 어떤 것이 있을까?

4 마스킹 효과(masking effect)와 칵테일파티 효과(cocktail party effect)란 무엇인가?

제 17 과
수증기의 비밀

여름철에 냉동실에서 아이스크림이나 얼음을 꺼내 보면 주위에서 김이 나는 것처럼 수증기가 피어오르는 것을 볼 수 있다. 차가운 아이스크림에서 김이 나는 이유는 무엇일까?

아이스크림은 공기 중에 노출이 되자마자 곧 녹기 시작하는데 물이 수증기로 변할 때, 즉 기화할 때 주위에서 열을 빼앗듯이 얼음이 녹아 기체로 변할 때에도 주위에서 열을 빼앗으며 이것을 **융해열**이라 한다. 공기는 온도에 따라 일정한 양의 수증기를 포함하고 있으나 갑자기 온도

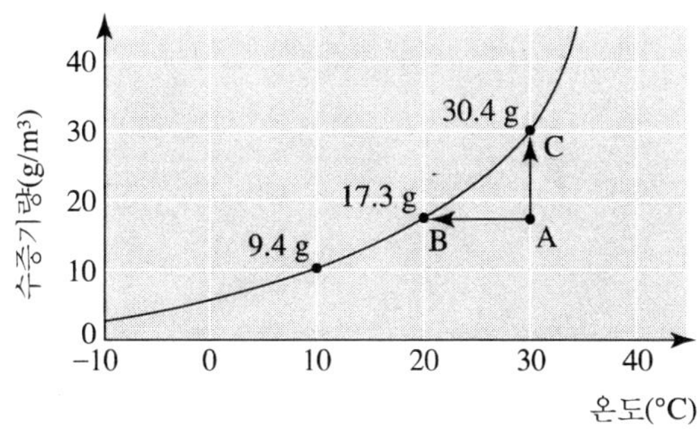

그림 17.1 수증기의 포화곡선. A점에서 온도를 낮추어 20°C를 지나는 순간 곡선 위쪽의 수분은 과포화상태이고, 또 A점에서 수증기를 공급하여 곡선의 위를 지나는 순간 수분은 과포화상태이다.

가 내려가면 공기가 포함할 수 있는 수증기의 양이 줄어들어 공기 중의 수증기는 과포화상태가 된다. 이와 같이 아이스크림 주변의 공기 온도가 융해열로 빼앗겨 떨어지면 공기가 포함할 수 있는 수증기의 양이 줄어들게 되고, 과포화된 여분의 수증기가 피어오르게 되며, 김이 올라오는 것으로 보이게 되는 것이다.

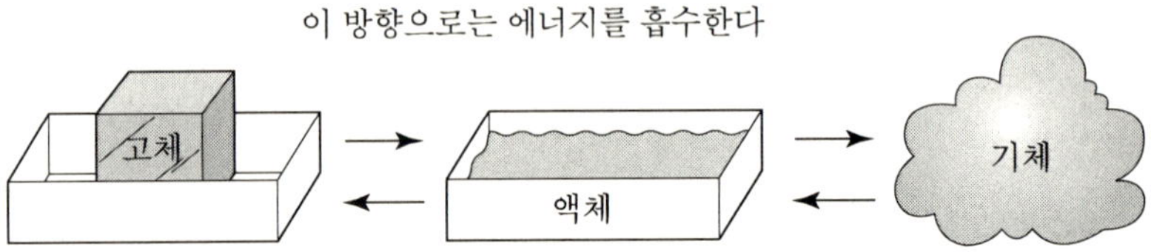

그림 17.2 에너지의 흡수, 방출에 따른 상태 변화

구름이 생성되는 이유도 이와 같은 원리이다. 지표면에 있던 물은 태양열 등에 의해 수증기가 되어 공기 중에 머물러 있게 된다. 이러한 수증기를 포함한 공기가 열을 받아 위로 올라가게 되며 위로 올라갈수록 대기압이 낮아져 팽창하므로 차가워져 운동에너지가 줄어든다. 결국 수증기들이 엉겨 작은 물방울이 되고 이것들이 모여 구름이 되는 것이다. 그러나 안개가 생기는 이유는 이것과는 차이가 있다. 대기가 안정되어 따뜻하고 습한 공기가 위쪽에 위치하면 대기의 순환이 일어나지 않게 되는데 이때 차가운 육지와 접해 있는 부분에서 수증기가 응결하여 안개가 된다.

체온 조절을 위해 땀과 같은 수분을 배출하면 시원해지는 이유는 수분이 증발하는 데 많은 기화열이 필요하기 때문에 몸에서 열을 빼앗아서 시원함을 느끼게 하기 때문이다. **증발**은 액체 표면에서 액체가 기체 상태로 변하는 것을 말하는데, 증발은 일종의 냉각과정으로 볼 수 있다. 왜냐하면 액체 표면의 분자들이 아랫부분의 액체 분자들에 의해 에너지를 공급받거나 표면에서 열을 공급받게 되면 액체로부터 떨어져 나와 공간으로 날아가게 된다. 이때 아랫부분의 액체분자들은 갖고 있던 에너지의 일부를 잃게 되므로 평균 운동에너지가 줄어들어 냉각과정이 되는 것이다. 강아지가 더울 때 혀를 길게 빼고 헐떡거리는 이유도 혀와 발가락 사이 이외의 다른 피부에는 땀구멍이 없어서 혀로 수분을 증발시켜 체온을 조절하려는 것이다.

그림 17.3 더운 강아지는 혀를 통해 체온을 조절한다.

여름철에 비가 오려고 하면 굉장히 후텁지근해지는데 이것도 수증기와 관계된다. 기온이 올라가면 우리 몸은 체온조절을 위해 피부에서 땀을 배출한다. 배출된 땀은 증발하여야 하는데 습한 날에는 공기 중의 수증기가 많아서 잘 증발하지 않는다. 증발하여 수증기가 되는 양보다는 공기 중 수증기의 양이 많아 그 수증기가 피부에 물로 응축되어 끈적거리며 더 덥게 느껴지는 것이다. 이러한 증발의 반대과정을 응결이라고 한다. 응결은 가열과정으로 볼 수 있다. 수증기 분자들이 느리게 움직이는 피부 표면의 분자들과 충돌하는 경우 많은 양의 운동에너지를 잃게 되어 기체상태로 존재하기 어렵게 된다. 이때 잃는 에너지가 표면의 온도를 상승시키기 때문에 가열과정으로 볼 수 있는 것이다. 그러므로 피부에 달라붙는 수증기가 물이 되기 위해서는 액화열을 내놓기 때문에 우리 몸의 체온이 올라가 덥게 느껴진다. 이때 바람이 솔솔 불어오면 땀이 증발하며 기화열로 체온을 빼앗아가 시원해지는 것이다.

찬물로 샤워를 하였을 때 수증기가 가득 차 있는 욕실에서는 춥지 않은데 욕실 밖으로 나오면 추워진다. 수증기가 가득 차 있는 욕실에서는 증발보다는 응축이 일어나기가 쉽지만 욕실 밖에서는 증발이 훨씬 쉽게 일어나기 때문에 추워지는 것이다. 그러므로 샤워 후 욕실 안에서 물기를 닦고 나오는 것이 감기에 걸리지 않는 현명한 방법이다.

바람이 부는 날 빨래가 잘 마르는 이유는 무엇일까? 공기분자들이 빠르게 움직이며 빨래 속의 물분자와 충돌하고 공기분자는 운동에너지를 물분자에 전달하여 물이 증발하는 데 필요한 기화열을 제공하기 때문이다. 땀이 증발하거나 빨래가 마르거나 하는 것은 모두 물이 수증기가 되는 것으로 물이 증발하려면 물의 온도가 100℃가 되어야 하는데 어떻게 이런 일이 일어날까? 물의 처음 온도는 100℃가 아니지만 표면에 있는 물의 분자들은 공기의 분자들과 충돌해서 큰 에너지를 갖게 된다. 주변의 공기에는 수분이 과포화상태가 아니기 때문에 이 에너지를 기화열로 삼아 증발하는 것이다. 증발 후 남아 있는 물의 온도는 내려가고 결국 증발은 냉각효과를 주는 것으로도 해석된다.

수증기에 대해서 공부하는 김에 끓는 현상에 대해서도 정리해 보기로 하자. 액체를 가열하면 온도가 서서히 증가하다가 어느 순간에 부글부글 끓어오르는 현상이 일어난다. 이렇게 액체 속에 기포가 생겼다는 것은 기포 속의 압력과 기포 밖의 압력이 같아졌다는 증거이다. 이러한 상태를 비등이라 하며 기포가 생기기 직전인 끓기 전에는 기포의 증기압이 액체의 압력보다 작기 때문에 기포가 생기지 않는 것이다. 그러나 만약에 기포 밖의 압력, 즉 대기압이 낮으면 기포는 빨리 생기게 된다. 이것은 액체의 온도가 별로 높지 않아도 끓는 현상이 일어난다는 의미이다. 그래서 산에서는 낮은 온도에서 물이 끓기 때문에 쌀이 익는 데 필요한 온도가 되기 전에 물이 증발하면서 많은 에너지를 가져가므로 밥이 설게 되는 것이다. 다시 말하면 앞에서 공부한 대로 액체가 기체가 되는 데 필요한 기화열을 물에서 계속 빼앗아 가기 때문에 물의 온도가 올라가지 않는 것이다.

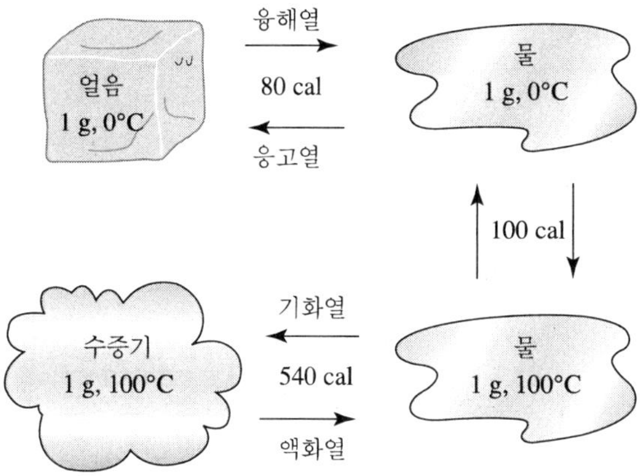

그림 17.4 물의 상태도

겨울에 자동차를 세차하려면 뜨거운 물과 차가운 물 중 어느 것으로 해야 할까? 자동차 표면에 뜨거운 물과 차가운 물을 각각 뿌려보면 뜨거운 물 쪽이 먼저 어는데 이것은 또 무슨 조화인가? 그림 16.4에서 보듯이 100℃의 물 1 g이 수증기가 되는 데 필요한 열량은 100℃의 물 1 g이 어는 데 필요한 열량의 3배이다. 따라서 100℃의 물 4 g을 자동차 표면에 뿌렸을 때 1 g이 증발한다면 남아 있는 3 g이 얼어버린다는 뜻이다. 그러므로 차가운 물보다는 뜨거운 물이 먼저 얼게 되는 것이다. 이러한 이유로 빙상 경기장의 얼음을 고를 때 사용하는 물은 차가운 물이 아닌 뜨거운 물이다. 왜냐하면 4 g 의 뜨거운 물을 뿌리면 1 g이 증발할 때 남아 있는 3 g의 물은 얼게 되므로 뜨거운 물이 거친 표면을 매끄럽게 해주는 동시에 얼려주는 효과가 있다.

질문

1 촛불을 맨 손가락으로 끌 때 손가락 끝에 침을 바르고 끄면 뜨겁지 않은 이유는 무엇일까?

2 물이 끓는 온도는 100℃인데 계속 가열하여도 물의 온도는 더 이상 올라가지 않는 이유는 무엇인가?

3 왜 높은 산꼭대기 주변에는 자주 구름이 생기는가?

제 18 과

열죽음

열역학에서 정의하는 온도의 상한치는 없다. 물질에 열이 가해지면 녹은 뒤에 증발을 하며 온도가 더 올라가면 분자들이 원자로 분해되고 또다시 온도가 더 올라가면 원자들은 전자를 잃게 되어 플라스마 형태가 된다. 알려진 바로는 가장 높은 플라스마의 온도는 플라스마 상태인 우주의 별들로 수백만 도 이상이다. 그러나 온도의 하한치는 −273.15℃로서, 이는 이론적으로 접근할 수 있는 극한값으로 절대영도라 부른다. 절대온도와 섭씨온도는 절대온도(K)=섭씨온도(℃)+273.15인 관계로 정의된다. 절대영도는 일정한 부피를 갖는 기체의 압력과 온도가 비례한다는 사실을 이용하여 압력이 0이 될 때의 가상적 온도이다. 압력이 0이라는 것은 기체분자의 운동이 완전히 멈추어 있다는 것인데 이런 상태는 관측할 수가 없다. 따라서 절대영도는 이론적인 온도의 최저점으로 이상적인 온도이다. 그런데 어떻게 −273℃에 가까운 낮은 온도를 얻을 수 있을까?

기체를 압축하여 액체로 만들었다가 갑자기 팽창시켜 기체로 만들면 주위에서 기화열을 빼앗아 주변을 냉각시킬 수 있고 이 방법으로 0.3 K까지의 낮은 온도를 얻는 것이 가능하다. 자기냉각법이라는 방법은 반자성물질에 강한 자기장을 걸었다가 갑자기 제거하면 주위에 열을 빼앗는 현상을 이용한 것인데 0.001 K까지 가능하다. 최근에는 자기장 속에 가두어 놓은 기체원자에 레이저의 빛에너지를 이용하여 절대영도의 1억분의 1도만큼까지 낮추는 데 성공하였다.

자주 거론되는 열이라는 것은 정확하게는 열에너지라고 해야 하는데 열에너지는 분자의 운동에너지를 말하는 것이다. 그러나 열의 이동의 실체는 없으며 에너지만 이동을 한다. 즉, 열이라는 개념은 온도 차이에 의해서 온도가 높은 쪽에서 낮은 쪽으로 흐르는 에너지의 이동을 의미한다. 열역학에서 종종 나오는 내부에너지라는 개념은 어떤 계를 구성하는 원자나 분자들 사이에 관련된 여러 에너지의 총합을 일컫는다. 예를 들어 냄비에 물을 넣어 가스 버너 위에 올려놓으면 버너의 뜨거운 에너지가 물로 이동하여 물의 내부에너지가 증가한다. 이때 시간이 지남에 따라서 물속에 더 많은 열이 존재한다는 표현은 잘못이고 내부에너지가 증가한다고 해야 한다.

에너지 보존법칙보다 조금 더 포괄적 의미를 갖는 자연의 법칙은 **열역학 제1법칙**이라 부르는 것이다. 열역학 제1법칙은 '어떤 계에 일이 가해지면 그 일은 항상 같은 양의 다른 에너지로 전환된다'는 것이다. 이것은 에너지는 새로 만들 수도 없고 없애버릴 수도 없으며 그 총량은 항상 일정하게 유지된다는 에너지 보존법칙의 열역학적 표현이다. 예를 들면, 자동차에 공급된 휘발유와 공기가 혼합된 가스의 에너지 총량은 자동차가 움직일 때의 열, 운동에너지, 배기가스 등 모든 것을 합한 값과 같다는 것이다.

두 손바닥을 비비는 동작으로 일을 하면 그 일은 곧 열에너지로 바뀌지만 그 열에너지는 쉽게 일로 전환되지는 않는다. 또 자동차가 운행될 때 발생되는 열에너지, 운동에너지, 소리나 배기가스 등의 모든 것을 다 모아 쓸모 있는 에너지로 전환시킨다는 것은 불가능하다. 다시 말해 앞에서 공부하였던 대로 폭포의 엄청난 위치에너지는 아래로 떨어지면서 운동에너지가 되고 이 운동에너지는 물레방아도 돌리고 수력발전도 일으키는 등의 유용한 에너지와, 폭포가 떨어지면서 내는 굉음과 같은 소리에너지 등으로 전환되지만 이 에너지를 모아 떨어지기 전의 상태로는 돌릴 수 없다는 것이다. 이것을 **열역학 제2법칙, 엔트로피 증가의 법칙**이라 한다. 열역학에서는 이러한 '일'로 변환시킬 수 없는 양을 엔트로피라고 정의한다. 따라서 에너지를 변환시킬 때마다 엔트로피가 발생되며 그 총량이 증가한다는 것이다. 엔트로피는 무질서도라고 해석하는데 자연은 항상 무질서도가 증가하는 방향으로만 진행한다. 가치 있는 에너지를 계속해서 무분별하게 사용하면 가치 없는 에너지가 발생하게 되고 먼 훗날 우주에는 에너지의 쓰레기만 쌓이게 된다. 쓸모 있는 에너지가 쓸모 없는 에너지로 바뀌는 것이 자연스러운 것이고 이것을 되돌리기 위해서는 막대한 에너지가 필요하다.

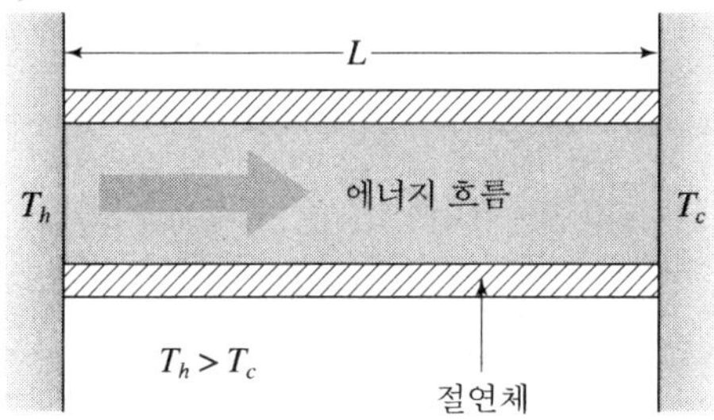

그림 18.1 고열원(T_h)에서 저열원(T_c)으로의 열 흐름. 반대로는 일어나지 않는다.

뜨거운 물체와 차가운 물체를 접촉시키면 뜨거운 물체는 차가운 물체에 열을 빼앗겨 시간이 한참 지나면 두 물체의 온도는 같아진다. 만약에 뜨거운 물체가 차가운 물체로부터 열을 받는다고 가정하면 뜨거운 물체는 더 뜨거워지고 차가운 물체는 더 차가워진다. 두 경우 모두 전체의 열량은 일정하므로 열역학 제1법칙에는 위배되지 않는다. 그러나 '열은 스스로 차가운 물체에서 뜨거운 물체로 흐르지 않는다'는 열역학 제2법칙에는 위배된다. 자연적으로 열은 뜨거운 곳에서 차가운 쪽으로 흐른다. 열을 반대 방향으로 흐르게 할 수는 있지만 이때에는 에너지가 필요하다. 열펌프와 같은 기구를 통해 강제로 일을 해야만 저열원에서 고열원으로 열을 흐르게 하여 냉난방을 할 수 있는 것이다.

통 안에 뜨거운 물과 차가운 물을 반반씩 넣어두면 얼마 뒤에는 두 물이 섞여 미지근한 물이 된다. 그러나 이 미지근한 물은 아무리 기다려도 원래의 상태인 뜨거운 물과 차가운 물로 나누어지지 않는다. 미지근한 물은 원래보다 무질서도가 증가한 것이다. 또 물이 담겨 있는 비커에 잉크방울을 떨어뜨리면 잉크가 퍼져 잉크물이 되는데 이 잉크물이 원래대로 물과 잉크방울로는 돌아가지 않는다. 이렇게 자연은 시간이 흐를수록 무질서도가 증가하는 방향으로만 진행하게 된다. 즉, 쓸모 있는 에너지에서 쓸모 없는 에너지로 바뀌어 가는 것이 자연스러운 것이다.

그림 18.2 부수는 일이 왜 엔트로피를 증가시키는 것일까?

인간이 지금 사용하고 있는 에너지원은 화석연료가 주를 이루는데 화석연료를 다 사용하고 나면 지구에는 쓸모없는 에너지만 가득하게 된다. 이러한 것을 **열죽음**(thermal death)이라고 한다. 열죽음이 일어나면서 동시에 환경파괴도 일어날 것이므로 지구의 말년은 그야말로 쓰레기 별이 될지도 모르겠다. 그러나 다행스럽게도 지구는 태양의 에너지에 의해 끊임없이 일정한 양만큼 원래대로 되돌려지고 오염은 물에 의해 정화되고 있다. 태양이 생긴 이후 지금까지 태양에너지의 3%밖에 사용되지 않았다니 앞으로도 지구는 오랫동안 태양의 덕을 볼 것이다. 그러나 최근에는 쓸모 있는 에너지로 환원되는 것보다 쓸모 없는 에너지로 소모되는 양이 훨씬 많아졌기 때문에 문제가 되고 있다. 공해문제와 더불어 회복속도보다 파괴속도가 더 빠르다면 하나뿐인 지구는 파국으로 치달을 수도 있지 않겠는가? 모두가 지혜를 모아야 할 때이다.

질문

1 에어컨이 없는 집에서 더운 여름 날 집안의 온도를 내리려고 창문을 모두 닫고 냉장고 문을 열어 두었다. 집안이 시원하게 되겠는가?

2 소금물이나 설탕물은 물이 증발하여 소금이나 설탕의 결정이 남게 된다. 고체상태는 액체상태보다 질서가 있는 것인데 그렇다면 열역학 제2법칙에 위배되는가?

제19과

집 없는 떠돌이 전하

하나의 물질을 계속해서 반씩 잘라나가다 보면 어느 순간부터는 그 물질의 성질을 잃게 된다. 그 물질의 성질을 잃게 되는 직전의 상태를 분자라고 하며, 분자는 물질의 성질을 띠고 있는 가장 작은 알맹이다. 그런데 그 분자를 다시 잘라나가다 보면 분자를 이루는 최소 단위에 이르게 되는데 이것을 원자라고 한다. 물질이란 원자들이 모여 분자를 이루고 분자가 모여 이루어지는 형태를 말한다. 또 원자는 한 가운데 양으로 대전되어 있는 원자핵이 있고 그 둘레에는 원자핵과 같은 크기의 음의 전기량을 갖는 전자들이 감싸고 있는 구조를 이루고 있다. 수소의 원자핵은 양성자로 구성되어 있지만 다른 모든 원자핵은 양성자와 중성자로 이루어지며 원자핵 안에 있는 양성자의 수는 그 물질의 원소를 결정한다.

중성자는 양성자와 같은 질량을 갖고 있으나 전기를 띠지 않고 핵 속에 있는 입자들을 결합시키는 역할을 하여 양성자가 흩어지는 것을 막는다. 이러한 양성자나 중성자보다 더 작은 입자도 존재하는데 쿼크라 부르며, 이는 위, 아래, 기묘, 맵시, 바닥, 꼭대기라는 이름으로 불린다.

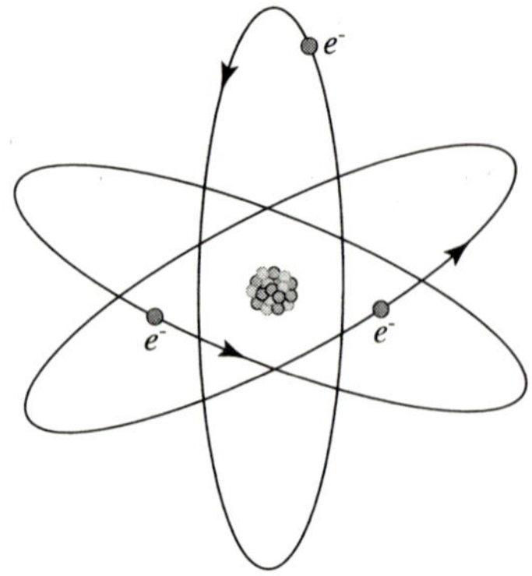

그림 19.1 원자핵의 주위를 전자가 궤도운동을 한다.

모든 물질이 전기적으로 중성인 상태로 존재하기 위해서는 양성자의 전하량과 같은 전하를 갖는 전지가 있어야 한다. 모든 전자들은 같은 질량과 전하량을 가지므로 똑같으며 양성자들도 역시 동일하다. 실험에 의하면 같은 극성의 전하끼리는 밀어내는 힘이 작용하고 다른 극성의 전하끼리는 끌어당기는 힘이 작용하며, 그 힘$\left(F \propto \frac{q_1 q_2}{r^2}\right)$의 크기는 **쿨롱** (Coulomb)**의 법칙**으로 거리의 제곱에 역비례(역제곱의 법칙)한다. 이때 같은 극성을 갖는 양성자와 양성자, 전자와 전자 사이에는 밀어내는 힘(척력)이 작용한다. 또 다른 극성을 갖는 양성자와 전자 사이에는 끌어당기는 힘(인력)이 작용한다. 원자핵 주위에 있는 이들 전자는 자기의 질량에 비해 약 1,800배나 큰 질량을 갖는 원자핵 쪽으로 끌려들어가는 힘을 받는데 끌려들어가지 않기 위해서 원자핵의 주위를 회전한다. 즉, 전자는 원자핵의 전기적인 인력에 상응하는 반대 방향의 힘을 갖기 위해 행성의 궤도운동과는 같지 않지만 궤도운동(원운동)을 하므로 끌려가지 않게 된다. 원자들마다 양성자의 개수가 다르기 때문에 갖고 있는 전자의 개수도 달라야 하는데 수많은 전자가 일정한 위치에서 핵의 주위를 공전한다면 전자끼리 충돌이 일어나지 않겠는가? 그래서 각 전자는 핵으로부터 일정한 거리를 두고 위치한다. 이때 전자가 들어갈 수 있는 궤도인 위치를 각(shell)이라고 하며, 이들 각에는 정해진 숫자인

$2n^2$개(n은 전자가 들어가는 궤도번호) 만큼씩만 전자가 들어 있다.

핵으로부터 가까운 곳에 있는 전자는 핵의 인력이 크고 먼 곳의 전자는 핵의 인력이 작은 동시에 핵과 자신 사이에 있는 다른 전자들로부터 반발력도 받게 된다. 그러므로 가장 바깥쪽 궤도에 있는 전자들은 비교적 약한 구속력을 받는다. 물질 속에는 무수히 많은 원자들이 있고 가장 바깥쪽 궤도의 전자들은 핵 주위를 공전하다가 자칫 헷갈리게 되어 자신의 울타리를 잃는 수도 생기게 되는데 이렇게 길을 잃고 헤매는 전자를 **자유전자**라 부른다.

자유전자들은 외부의 영향에 쉽게 반응하고 그 물질의 성질을 결정하게 하기도 한다. 자유전자를 많이 갖고 있는 물질을 **도체**라 부르는데, 도체란 전기를 잘 통하는 물질이라는 뜻이며 또한 도체는 열전도가 잘 일어나는 양호한 열전도체이기도 하다. 자유전자를 거의 갖고 있지 않는 물질을 **부도체**(절연체, 유전체)라 한다. 부도체가 전기나 열이 잘 통하지 않는 이유는 전기나 열을 전달해주는 자유전자가 없기 때문이다. 저마늄이나 실리콘 같은 물체는 불순물이 없는 순수한 상태에서는 부도체이지만 적당량의 불순물을 섞어 제조하게 되면 주어진 조건에서 도체의 성격을 띠기 때문에 **반도체**라고 한다. 반도체는 어떤 상황에서는 도체로 어떤 조건에서는 부도체의 성격을 띠며, 셀레늄 같은 물질은 빛의 유무에 따라 도체, 부도체의 성질이 바뀌기도 한다.

초전도체는 도체보다도 전기가 더 잘 흐르는 물체를 뜻하는데 전기의 흐름을 방해하는 전기저항이 전혀 없는 물질이다. 초전도체가 원래부터 전기저항이 없는 것은 아니고 모든 물질을 아주 낮은 온도인 0 K 근처까지 냉각시키면 전기저항이 없어지는 초전도체가 된다. 이러한 초전도 현상의 연구는 헬륨을 액화시키는 데 성공한 오네스(Onnes)가 수은을 −269℃까지 냉각시켜 갑자기 전기저항이 사라지는 현상을 발견한 것에서부터 시작되었다. 그러나 −269℃를 유지하여 물체를 냉각시키는 것이 쉽지 않기 때문에 과학자들은 더 높은 온도에서 전기저항이 없어지는 물질을 찾으려고 노력하고 있으며 이것을 고온 초전도체라 한다. 현재는 −150℃ 근처에서 전기저항이 없는 물질을 찾아냈다.

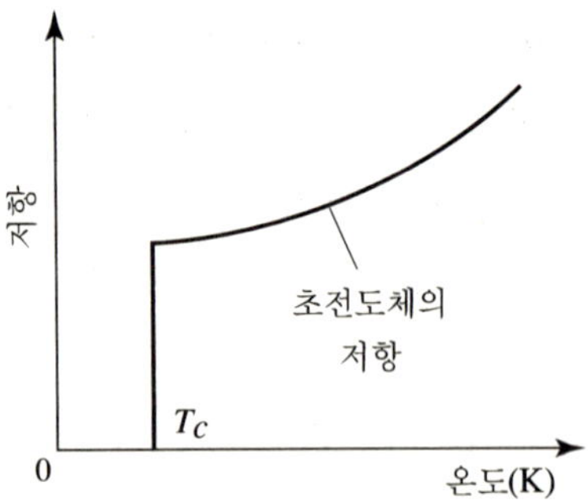

그림 19.2 수은은 초전도 전이온도(T_c)인 −269°C가 되면 전기저항이 사라진다.

초전도현상이 일어나는 이유는 역설적이지만 전자가 전자를 끌어들이는 효과로 설명된다. 여름 해변에 근사한 몸매의 아가씨가 나타나면 주변에는 그 아가씨를 보려고 남성들이 모여들고 또 그 남성들 중에 매력남이 있어 그 매력남 주위로 여성이 슬금슬금 모여드는 경우가 있다. 이것을 여성이 여성을 끌어들인 것으로 볼 수 있는 것처럼 어떤 조건에서는 전자가 빠르게 움직이면 그 비워진 자리로 다른 전자가 들어가 채우려는 특성 때문에 전자들이 한 방향으로 몰려가는 눈사태와 같은 현상이 일어나며 이것을 초전도현상으로 해석할 수 있다.

초전도체의 유용성을 살펴보면 초전도체는 **마이스너**(Meissner) **효과**인 자기장을 밀어내는 특징을 갖고 있어 자기부상 효과를 일으키며, 아주 약한 자기장을 감지할 수 있기 때문에 특정 전파만을 찾는 데 유용하게 활용될 수 있다. 또한 초전도체의 가장 중요한 특징은 전기에너지를 열 손실 없이 가두어 둘 수 있기 때문에 훌륭한 에너지 저장장치로 쓰일 수 있다는 것이다. 이외에도 초전도체는 핵융합발전, 자기공명장치, 초고속통신, 수퍼컴퓨터 등 여러 분야에서 현재와는 비교할 수 없을 만큼의 향상된 효과를 기대할 수 있다. 고온 초전도체는 여러 원소들을 얇게 적층시켜 제작하는데 이러한 적층구조는 세라믹 같은 성질을 띠게 되어 쉽게 깨지는 성질을 갖는다. 이와 같은 문제를 보완하여 2008년 우리나라 과학자들이 휘어지는 고온 초전도체를 찾아내었다.

제16과에서 초음파를 이용한 수중 레이더로 잠수함을 추적하는 초음파의 효과에 대해서 공부하였다. 물속의 잠수함을 발견하는 또 다른 방법은 음파탐지기를 이용하여 잠수함의 스크루 소리를 추적하는 방법이 있다. 잠수함의 스크루에서 나는 소리는 15과에서 공부한 공기방울의 효과 때문이다. 스크루가 고속으로 회전을 하면 스크루 주변의 바닷물 속력이 증가한다. 속력이 증가하면 압력이 감소한다는 베르누이의 정리에 따라 스크루 주변의 압력이 떨어진다. 이렇게 발생된 압력이 점점 떨어지다가 포화압력보다 낮아지면 스크루 주변의 물은 액체에서 기체로 변하게 되므로 공기방울이 형성된다. 수없이 많은 공기방울이 계속 생기고 터지고를 반복하면서 큰 소음을 만들어 낸다. 그러나 공중에서 레이더에 걸리지 않고 비행하는 스텔스기처럼 스크류의 소음이 있더라도 물속에서도 탐지당하지 않는 잠수함이 가능하다. 어떻게 하면 스크루 없는 스텔스 잠수함을 만들 수 있을까?

10년 전쯤 일본에서는 스크루도 돛도 없는 배로 11 km/h 정도의 속력을 내는 데 성공하였다. 이것을 초전도 전자추진선이라 하는데, 핵심 원리는 전자 유체력(Magneto Hydro Dynamics, MHD)이라는 새로운 힘을 이용해 추진력을 얻는 것이다. 다소 생소하지만 **플레밍**(Flemming) **의 왼손법칙**을 따르면 왼손의 엄지, 중지, 검지를 각각 서로 수직하게 세워 엄지는 힘, 중지는 자기장, 중지는 전류의 방향을 나타낸다. 자기장이 있는 영역 내에서 자기장과 수직하게 전류를 흘려보내면 힘을 얻을 수 있으며, 전자 유체력은 이러한 사실을 이용하는 것이다. 바닷물에는 염화나트륨(소금)이 녹아 이온상태로 존재하기 때문에 전류가 잘 흐른다. 바닷물에 자기장을 걸어주고 여기에 직각 방향으로 전극을 설치해 전류를 흘려보내면 바닷물속의 염소이온과 나트륨이온은 힘을 받아 움직인다. 초전도 전자추진선은 이들이 내는 힘을 동력으로 하여 움직이는 것이다.

기계장치를 움직이는 것보다 전류를 조절하는 것이 훨씬 쉽기 때문에 배를 순발력 있게 조정할 수가 있다. 또한 스크루 배는 속력을 증가시키기 위해 스크루의 크기를 크게 하는데 일정 속력을 넘어서면 스크루의 크기와 추진력이 비례하지 않는다. 초전도 전자추진선은 전자기력을 높이면 여기에 비례하는 추진력을 얻을 수 있다는 장점도 있다. 그러나 추진력이 전류와 자기장의 크기에 비례하기는 하지만 바닷물속에 이온의 숫자는 제한되어 있기 때문에 전류를 높이기 위해서는 강한 자기장이 필요하다. 막대자석의 자기장은 0.1 T 정도이고 MRI 장치에 쓰이는 강력한 자석도 1.5~3 T 정도인데 실용성 있는 추진력을 얻으려면 20~30 T의 자기장이 필요하다. 이러한 자기력을 얻으려면 지속적으로 이용 가능한 고온 초전도 전자석이 필요하기 때문에 이것도 초전도 현상에 관심을 갖는 이유 중 하나이다. 한 가지 더 고려해야 할 사항은 강력한 자기장으로 인해 선박 내부의 기계장치의 손상을 가져오고 해양 생태계에 나쁜 영향을 주기 때문에 자기장 차폐 기술이 필요할 뿐만 아니라 부식이 적고 내구성이 좋은 전극판도 개발해야 한다.

그림 19.3 바다 위를 달리는 초전도 전자추진선과 스크루가 없는 배 뒤의 모습

플레밍의 왼손법칙의 적용 예에 대하여 한 가지 더 살펴보자. 비행기가 이륙하려면 베르누이 정리에서 공부한 양력을 충분히 얻어야 한다. 그러기 위해서는 엔진이 내는 추진력으로 중력을 이길 만큼의 양력을 만들 수 있는 활주로가 필요하다. 그런데 항공모함의 활주로는 100 m 정도밖에 되지 않으며 소형 전투기도 400 m의 활주로가 필요한 것으로

알려져 있는데 어떻게 전투기를 이륙시킬 수가 있을까? 여기에는 **캐터펄트**라고 하는 사출기가 있어서 가능하다. 캐터펄트는 항공모함 위의 좁은 공간에서 전투기를 짧은 시간에 이륙하는 데 필요한 속력을 갖도록 한다. 35톤 정도의 전투기를 80 m 밀어내는 동안 256 km/h까지 가속시키는데, 이 힘은 2,000 kg의 대형 승용차를 2.5 km를 날려 보낼 만큼의 힘이다. 캐터펄트의 핵심은 수증기압을 이용하는 것인데 항공모함의 보일러에서 발생시킨 수증기를 압축하여 추진력을 내는 것이다. 증기식 사출기의 무게가 항공모함 전체 무게의 2~3%를 차지하기 때문에 비효율적인 문제가 있었다. 그래서 최근에는 전자식 사출기를 사용하게 되었는데 전자식 사출기의 작동원리가 바로 플레밍의 왼손법칙을 이용하는 것이다. 갑판 위에 전자석을 깔아 놓고 그 위로 전류를 흘려보내면 이때 발생하는 힘이 전투기를 갑판 위로 띄워올리는 동력이 되는 것이다. 전자식 사출기는 증기식 사출기에 비해 부드럽게 이륙을 하도록 하며 증기를 배출하지 않아 소음과 진동도 획기적으로 줄여주고 무엇보다 거대한 보일러가 필요치 않아 그만큼 다른 것을 적재할 수 있다는 것이다. 다만 이 방식 또한 강력한 자기장에 의한 다른 기계들의 오작동을 막아야 하는 문제가 있기는 하다. 그러나 이러한 것이 우리가 배우는 간단한 전기적 지식에 기반을 둔 것이라니 놀랍지 않은가?

그림 19.4 항공모함 위의 짧은 갑판에서 어떻게 전투기를 이륙시키는 것일까?

질문

1 원자의 가장자리에 있는 전자는 떼어내기가 쉽지만 안쪽의 전자를 떼어내는 것은 쉽지가 않다. 왜 그런가?

2 수소원자에서 핵의 무게는 전자의 무게보다 1,800배나 무겁다. 수소원자핵의 양성자가 핵 주위를 돌고 있는 전자를 끌어당긴다. 이 힘과 전자가 수소원자핵의 양성자를 끌어당기는 힘과의 크기를 비교하라.

제 20 과

천둥과 번개는 왜 일어날까?

물질이 전기적으로 중성이라는 것은 물질을 이루는 기초단위인 원자에서 볼 때 원자핵이 갖고 있는 양성자의 전기량(양전하)과 원자핵 주위를 돌고 있는 전자의 전하량(음전하)이 같다는 것이다. 모피와 플라스틱 책받침 같이 서로 다른 물질을 마찰시키면 모피에 있던 전자가 책받침 쪽으로 옮겨가 모피는 전자가 부족한 상태가 되고 책받침은 전자가 과잉된 상태가 된다. 이때 모피와 책받침 전체적으로 보면 전하량이 일정하게 유지되는데 이것을 **전하량 보존법칙**이라 한다. 전하량 보존법칙은 에너지 보존원리와 운동량 보존법칙과 같이 물리학에서 중요한 기본원리 중 하나이다. 이러한 경우 모피와 책받침은 모피는 전자가 빠져나간 것만큼 전자가 부족한 상태이므로 (+), 책받침은 과잉의 전자를 갖게 되었으므로 (−)로 대전되었다고 한다.

재미있는 사실은 물체가 대전되었을 때 물체가 갖는 전하량은 반드시 전자의 전하량에 정수배가 된다는 것이다. 이것을 '**양자화**되어 있다.'라고 하며, 이는 전기량의 최소 단위는 전자의 전하량과 같고 대전된 전하량을 전자의 개수로 나타낼 수 있다는 것이다. 이렇게 마찰에 의해 전기를 띠게 되는 것을 마찰전기라 하고 마찰전기는 물체 내에서 움직이지 않기 때문에 정전기라 한다. 마찰은 물체를 대전시키는 방법 중

하나이며 또 다른 방법은 유도에 의해 대전시키는 것이다. 그런데 풍선을 불어서 헝겊에 살살 문질러 종이로 도배한 벽에 대어보면 달라붙는데 그 이유가 무엇일까?

원래 벽은 전기적으로 중성이지만 풍선과 같은 대전체가 가까이 가면 벽지를 이루고 있는 원자 내에서 그림 20.1과 같이 양전하와 음전하의 위치가 약간씩 변하는 **유전분극** 현상이 일어난다. 이러한 전하를 분극전하라고 하며 전기력은 거리의 제곱에 역비례하므로 양(+) 전기력이 더 크게 작용하여 풍선이 달라붙게 되는 것이다.

그림 20.1 음으로 대전된 풍선이 벽에 유전분극을 일으키고 그 결과 벽에 붙는다.

비를 갖고 있는 뇌운도 전기적으로는 중성이고 이유는 분명치 않지만 유전분극 현상이 일어난다. 이때 뇌운의 하부는 지구 쪽을 향하고 있으므로 뇌운을 향한 지구의 표면은 그 반대의 전하가 유도된다. 지구와 뇌운 사이의 공기층은 전기가 통하기 어려운 절연층이므로 전하가 흐를 수 없지만 그 양이 일정치를 넘어서게 되면 뇌운의 전하가 지구 표면을 향해 폭발적으로 흐르게 되는 **방전현상**이 일어난다. 이때 나는 소리가 천둥이고 그 빛이 번개이다. 흥미로운 점은 뇌운의 전하가 어떻게 절연체인 공기층을 뚫고 지상으로 흐르는 일이 발생할 수 있는가이다. 이것은 번개의 전압이 보통 10억 볼트(V)가 넘기 때문에 이러한 크기의 에너지로 공기층의 절연 효과를 뛰어넘는 것이다. 번개가 칠 때의 전류는 5만 암페어(A)나 되기 때문에 100 W 전구 7,000개를 8시간 동안이나 켤 수 있는 에너지이다. 이러한 이유로 번개를 막을 수 있는 절연체는 없으며 번개를 유도하여 피해를 줄이거나 번개가 피해가도록 하는 것이 최선의 방법이다. 그러한 방법으로는 피뢰침으로 번개를 유도하거나, 번개가 칠 때 밖에 있는 것보다는 자동차 안에 있어야 하며, 밖에 있는 상황이라면 주변보다 몸의 높이를 최대한 낮추는 등의 방법으로 번개를 피해야 한다.

번개가 칠 때 자동차 안에 있는 것이 밖에 있는 것 보다 비교적 안전한 이유는 자동차는 도체인 금속으로 이루어져 있기 때문에 도체 안에는 전하가 없으므로 번개는 자동차 표면에서 지면으로 흘러가게 되어 있기 때문이다. 해외토픽에 번개를 맞고도 살아난 사람의 뉴스가 나오는데 이것은 도저히 있을 수 없는 일이 일어난 기적과 같은 일이다.

천둥소리가 나는 이유는 번개에서 나오는 엄청난 양의 열이 급격하게 공기를 가열하여 팽창시키기 때문에 일어나는 것으로, 일종의 소닉붐이라 할 수 있다. 책받침에 정전기를 띠게 하면 책받침 하나의 전하량은 0.000001 C인 데 비해 번개의 전하량은 수십 C 정도이므로 번개를 만들려면 책받침 수백만 내지는 수천만 장이 필요하다. 번개의 빠르기는 100 km/s 정도이고 밝기는 길이 1 m 정도가 최소 100 W 백열전구 100만 개의 밝기이며 주변의 온도는 순간적으로 약 50,000℃ 정도까지 올라간다. 태양 표면의 온도가 6,000℃로 알려져 있으므로 그야말로 대단한 온도 아니겠는가?

번개가 칠 때 땅을 향해 직선으로 떨어지지 않고 지그재그를 그리며 떨어지는 이유는 무엇일까? 이것은 번개가 공간의 온도나 습도 등이 일정하지 않아서 그 순간 움직이기 가장 쉬운 길인 저항이 가장 작은 경로를 찾아 움직이기 때문이다. 다시 말하면 순간적으로 전류가 가장 잘 흐를 수 있는 경로를 탐색하여 그 길을 따라 움직이는 것이다. 조금 더 상세하게 설명하면, 순간적으로 구름의 하부에 주변보다 밝은 스텝리더(step leader)라는 부분이 형성되어 광속의 $\frac{1}{5} \sim \frac{1}{6}$의 빠르기로 지구를 향해 움직인다. 스텝리더는 50 m 정도를 이동 후 50 μs 정도 멈추고 다시 움직이기를 반복하는데 그 순간 저항이 가장 작은 경로를 취하기 때문인 것이다. 이러한 스텝리더가 지면에 닿는 순간 지면에서 구름까지 연결되는 전선이 만들어지며 이 전선을 통해 지면과 구름 사이의 전하이동이 왕성해진다. 이 과정에서 왕성한 전하이동은 통로의 공기분자를 더욱 이온화시키기 때문에 거대한 섬광이 형성되는 것이다. 번개의 90%는 뇌운의 음전하가 지구 쪽으로 흐르는 것이고 10%는 양전하가 지구 쪽으로 흐르는 것이다. 양전하에 의한 낙뢰는 일어나기는 어렵지만 그 피해는 음전하에 의한 낙뢰보다 두 배 이상 되는 것으로 알려져 있다.

금속인 도체 내부에는 왜 전하가 없으며, 이로 인해 전기장이 0이 되는 이유는 무엇인가? 대전되어 있는 도체는 과잉된 전하를 갖게 되는데 전하는 같은 극성끼리는 밀어내는 쿨롱의 힘이 작용하므로 가능한 멀리 위치하려고 한다. 이로 인해 과잉 전하는 도체 내에서 가장 먼 위치인 표면에만 존재하게 된다. 그러므로 도체 내부에는 전하가 존재하지 않기 때문에 전기장이 0이 되는 것이다. 만일 도체 내부에 전하가 존재한다면 전기장이 0이 될 때까지 전하들이 계속해서 움직여야 하므로 도체 내에 전기의 흐름이 생기게 된다.

그림 20.2 음으로 대전된 구름의 아랫부분이 지면을 양으로 대전시키고 공기층의 절연이 파괴되면 번개가 일어난다.

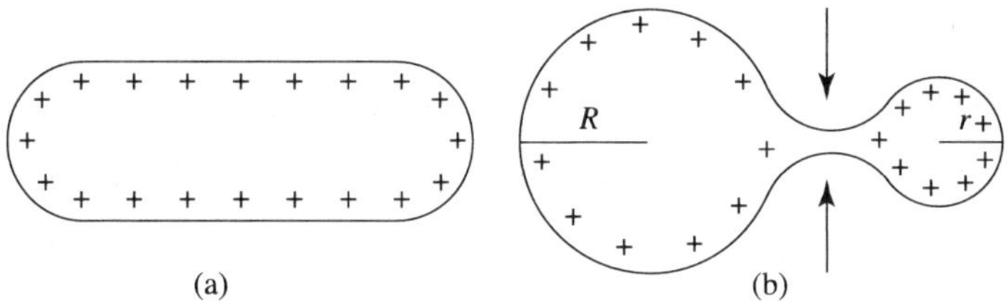

그림 20.3 대전된 풍선의 표면 전하밀도는 반지름이 작은 쪽이 크다.

번개의 피해를 막기 위해 건물 꼭대기에 설치하는 피뢰침의 끝은 왜 뾰족하게 만들까? 대전시킨 풍선을 가지고 그 이유를 살펴보기로 하자. 그림 20.3(a)는 대전된 풍선을 보여주는데 전하가 표면에 고르게 분포해 있다. 그림 20.3(b)에서처럼 풍선의 중간 옆 부분을 눌러주면 표면에서의 전위가 같아지기 위해 전하가 이동하는데 표면에서의 전하량은 풍선의 반지름에 비례한다. 그런데 구형인 풍선의 표면적은 $4\pi r^2$이므로 반지름이 큰 풍선보다는 작은 풍선의 표면 전하밀도가 크다. **표면 전하밀도**란 표면의 전하량을 표면적으로 나눈 값으로 정의한다. 뇌운을 향한 지구 표면의 전하들은 끝이 무딘 곳보다는 뾰족한 곳에서 큰 전기장을 만들게 된다. 따라서 뇌운에서 지구를 향해 방전이 일어나 번개가 칠 때 피뢰침은 효과적으로 번개를 유도하여 땅으로 방전시켜 건물의 안전을 지키게 된다. 그러나 최근에 미국의 랭미어 대기연구소에서 발표한

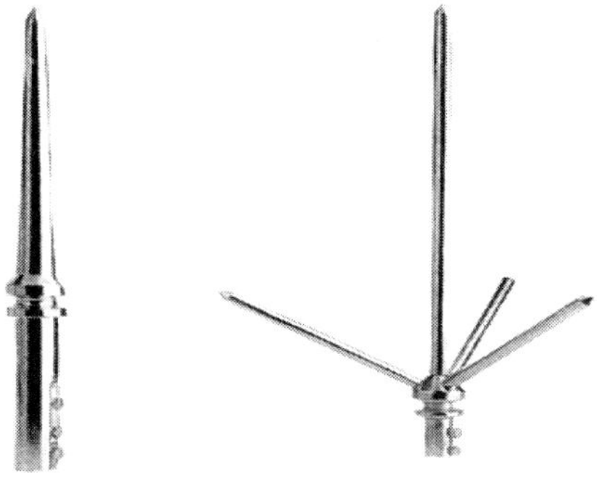

그림 20.4 피뢰침의 모양. (a) I형, (b) Y형

바에 따르면 7년 동안 다양한 모양의 피뢰침으로 연구한 결과 극단적으로 뾰족한 피뢰침보다는 지름이 12.7 mm~25.4 mm일 때가 훨씬 효과적이라고 한다. 또한 우리나라 연구진은 '쌍극자 공간전하 방전 분산형 피뢰침'이라는 다소 복잡한 이름의 피뢰침을 개발하였는데 이것은 번개를 빨아들이지 않고 밀어내어 피해를 입지 않도록 하는 기술이다.

질문

1 번개가 칠 때 나무 밑이 위험한 이유는 무엇일까?

2 정전기에 의한 충격이 여름철보다는 겨울철에 더 심한 이유는 무엇일까?

3 대전시킨 플라스틱 빗은 작은 종이조각을 끌어당겨 종이조각이 붙는다. 이때 빗을 만지면 종이조각이 떨어지는데 그 이유는 무엇일까?

제 21 과
전선에 앉은 까마귀

언제부터인가 추수가 끝난 들판에 참새 떼보다는 까마귀 떼가 훨씬 더 많이 모여 게걸스럽게 나락을 먹어치우는 것을 보게 되었다. 그러다가 옆으로 자동차나 경운기가 지나가면 놀라서 주변 전선 위로 새까맣게 몰려 앉아 있는 것을 보노라면 무슨 공포영화에서나 봄직한 장면이 연출되기도 한다. 그런데 사람들은 가끔 고압선에 감전되어 사고를 당했다는 뉴스를 접할 때가 있는데 까마귀는 왜 감전되지 않는 것일까?

그림 21.1 고압전선 위의 까마귀는 감전되지 않는다.

그림 21.2 높은 절벽 위에 앉아 있는 것만으로는 위험하지 않다.

전기의 흐름을 전류라고 하는데 전류의 방향은 양전하가 움직이는 방향으로 정의하고 크기는 단위시간 동안 도선의 단면을 지나가는 전하량으로 정의한다. 즉 1초 동안 1쿨롱[C]의 전하가 단면을 통과할 때의 전류를 1암페어[A]라고 한다. 도체 내의 전하들은 전기위치에너지의 차이에 해당하는 전위차, 즉 전압의 영향하에 놓이게 되면 움직이게 되는데 이것이 전류가 생기는 이유이다. 높은 곳에서 물체를 놓아 주면 아래로 떨어지면서 위치에너지를 잃고 운동에너지를 얻게 되는 것과 마찬가지로 전하도 높은 전위에서 낮은 전위로 이동을 하게 되며 이러한 전하의 움직임이 전류이다. 이렇게 발생된 전류가 몸 속을 통하여 흐르게 되면 감전이 되었다고 한다. 그런데 우리가 위치에너지가 크다고 여겨지는 아파트 옥상 난간에 걸터앉아 있으면 위험하기는 하지만 뛰어내리지 않는다면 아무 일도 일어나지 않는 것처럼 높은 전위를 갖는 고압전선에 앉아 있는 까마귀도 위험하지 않은 것이다. 한쪽이 고압전선에 닿아 있고 다른 쪽은 바닥이나 다른 물체에 닿아 있게 되면 전위차가 생겨 전류가 흐르게 되고 감전된다. 그러므로 우리도 까마귀 같이 두 손으로 하나의 고압전선을 잡고 매달려 있다면 감전되지는 않을 것이다. 그러나 지상을 향해 번개가 치는 현상과 같이 방전이 일어나는 경우도 있으므로 실제로 매달리면 큰 일이 일어날 수도 있다.

그러면 감전 사고는 그렇게 큰 고압전선에서만 일어나는 것일까? 그렇지 않다. 전원에 전구와 같은 전기기구가 일렬로 연결되어 있는 직류회로인 경우에는 스위치를 켜면 바로 점등이 된다. 이때 회로를 통해 움직이는 전자의 이동속도는 그야말로 거북이보다 느린 1 cm/100 s, 즉 1초에 1만분의 1미터를 움직이는 정도의 빠르기를 갖는다. 그런데도 스위치를 올리는 순간 바로 불이 들어오는 이유는 전자가 움직이면 전기장이 발생되고 이 전기장이 빛의 속도로 회로를 통해 전달되기 때문이다.

그런데 전자가 움직이는 속도는 왜 이렇게 느린 것일까? 물질을 이루고 있는 원자들과 원자들이 결합된 격자들과 물질 내에 포함된 불순물 등은 상온에서 열진동을 하고 이 사이를 뚫고 지나가는 전자들이 여기저기 부딪치게 되는데 이것을 **전기저항**이라고 하는 것이다. 전기저항은 물질 내에서 전자의 움직임을 방해하는 성질이지만, 일반적인 물체의 움직임을 방해하는 힘은 저항력과 마찰력인 데 반해 전기저항은 힘은 아니다.

전위차가 있는 회로에는 전류가 흐르고 전기저항은 이 전류의 흐름을 방해하게 되는데 전압, 전류, 전기저항의 관계는 **옴(Ohm)의 법칙**으로 설명된다. 옴의 법칙은 $V=IR$이며, 전기저항은 $R=\frac{V}{I}$로 나타내고, 단위는 전압이 볼트(volt)이고 전류가 암페어(ampere)이므로 [V/A]가 되며, 이것을 Ω(ohm)이라 한다.

우리 가정에서는 교류전기를 사용하는데 교류는 1초에 전류의 방향이 120번(60 Hz) 바뀌며 이로 인하여 전자기파가 발생되고 전자기파는 빛의 속도로 에너지를 전달하므로 역시 스위치를 켜는 순간 바로 불이 들어오게 된다. 가정의 전압은 220 V로 들어오는데 이 전기를 맨손으로 만지면 어떻게 될까? 우리 몸은 물기가 하나도 없는 건조상태일 경우 500,000 Ω 정도이므로 전류는 0.44 mA이고, 물기가 있는 젖은 상태에서는 1,000 Ω 정도이므로 전류는 220 mA가 된다. 그림 20.3에서 보면 건조상태에서는 별로 문제가 안 될 수도 있지만 젖은 손으로 전기를 만지게 되면 대단히 큰 전류가 흘러 치사상태에 이르게 된다. 정상적으로 활동하는 상태에서 우리 몸은 땀 등으로 인해 약간의 수분이 있으므로 220 V라고 얕잡아보지 말고 절대로 만져서는 안 된다.

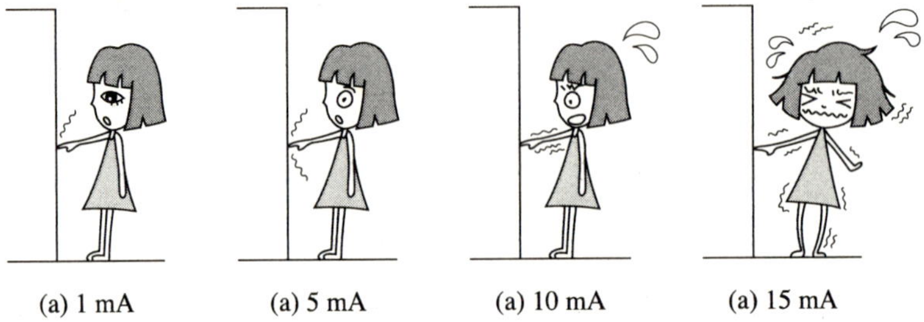

그림 21.3 인체에 미치는 전류의 효과. (a) 1 mA: 약간 느낄 정도, (b) 5 mA: 경련을 일으킨다, (c) 10 mA: 불쾌해진다, (d) 15 mA: 강렬한 경련을 일으킨다. 50~100 mA: 치사

질문

1 도선을 통해 움직이는 자유전자들은 어떻게 중력의 영향을 피하여 도선의 아랫부분으로 이동하지 않는가?

2 감전사고는 신체에 과도한 전류가 흘러 전기충격을 일으키는 것이다. 그런데 주의 표시에는 '주의: 큰 전류'라는 표현보다는 '주의: 고압'이라고 되어 있는 이유는 무엇인가?

3 전기제품에 표시되어 있는 warning과 notice의 차이는 무엇인가?

제 22 과

문어발식 연결

공익광고에서 하나의 콘센트에 여러 전기기구를 연결하고 그것도 모자라 확장콘센트를 더 연결하는 등 문어발식으로 전기를 끌어 쓰면 왜 화재의 위험이 있다고 하는 것일까?

가정에서 사용하고 있는 전기기구들은 병렬연결을 하여 사용한다. 그렇지

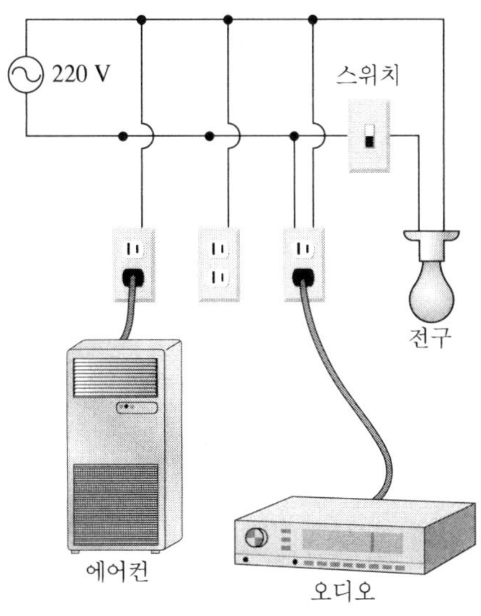

그림 22.1 병렬연결되어 있는 가정의 전기기구. 콘센트에는 항상 전원이 연결되어 있지만 전구는 스위치를 켜야 불이 들어온다.

않고 직렬연결을 하여 사용하면 전구 하나라도 끊어졌을 때 집 안의 모든 전기기구의 전원이 끊어지기 때문이다. 모든 전기기구에는 자체저항이 있는데 직렬연결을 할 경우에는 모두 같은 세기의 전류가 흐르고 각 기구에는 저항에 비례하는 전압이 걸린다. 직렬연결은 공급된 전압과 각 기구에 걸리는 모든 전압의 합이 같은 **에너지 보존법칙**이 성립된다. 그러나 병렬연결인 경우에는 각 기구에는 저항에 반비례하는 전류가 흐르게 되고 같은 전압이 걸리게 된다. 즉, 병렬연결은 공급되는 전원이 만들어 내는 전류와 각 기구에 흐르는 전류의 합이 같은 **전하량 보존법칙**이 성립된다.

모든 전기기구들은 자체의 전기저항을 갖고 있으며 전기기구들을 어떻게 연결하는가에 따라서 전기저항값이 달라진다. 각 전기기구의 저항이 직렬연결이 되어 있는 경우 전체 저항은 각각의 저항값을 더한 것과 같고, 병렬연결이 되어 있는 경우 전체 저항값은 각 저항값의 역수를 더한 값의 역수와 같다. 즉,

$$\text{직렬연결}: \ R_{eq} = R_1 + R_2 + R_3 + \cdots$$

$$\text{병렬연결}: \ \frac{1}{R_{eq}} = \frac{1}{R_1} + \frac{1}{R_2} + \frac{1}{R_3} + \cdots$$

역학에서 일은 어떤 힘이 물체에 작용하여 물체의 에너지를 변화시키는 것으로 정의하고, 그 일이 얼마만큼의 시간 동안 행하여졌는가를 일률이라 정의한다. 물체에 작용한 힘이 중력이거나 스프링의 탄성력일 때 그 힘에 의하여 단위시간당 행해진 일을 일률(power)이라 한 것이다. 그러나 일을 한 힘이 전기력일 경우에는 일률을 **전력**이라 부른다. 그러면 전기력은 어떤 일을 할 수 있는가를 알아보도록 하자.

어떤 회로에 전원이 연결되면 그 전기력은 회로 내에 연결되어 있는 전기기구에 일을 하게 된다. 이렇게 전기에너지가 빛, 열, 역학적인 에너지 등으로 바뀌는 비율을 전력이라고 한다. 예를 들어 백열전구가 연결되어 있다면 전류, 즉 전하들은 백열전구의 필라멘트라 불리는 부분

을 통과하게 되는데 필라멘트의 전기저항 때문에 통과하기가 쉽지 않고 이로 인하여 열을 발생하게 된다. 이것을 전류의 열작용이라고 한다. Δt 동안 필라멘트에 ΔQ의 전하가 통과한다면 이때 공급되는 에너지는 $\Delta W = \Delta V \cdot \Delta Q = \Delta V \cdot I\Delta t$가 되므로 전력은 $P = \dfrac{\Delta W}{\Delta t} = I \cdot \Delta V$가 되고 단위는 W[Ampere × Volt = Watt]가 된다. 그런데 옴의 법칙에서 $\Delta V = IR$이므로 이것을 대입하면 $P = I^2 R$이 된다.

이제 다시 전기기구의 연결로 돌아가서 문어발식 연결이 왜 위험한가를 살펴보자. 전기기구는 각각 전기저항을 갖고 있고 가정에서의 전기기구들은 병렬로 연결되어 있으며 저항이 병렬연결되어 있으면 전체 저항은 각 저항의 역수의 합의 역수이므로 아주 작아진다. 그런데 가정으로 들어오는 전원의 전압은 220 V로 일정하고 옴의 법칙에서 저항과 전류는 반비례하므로 전류값이 증가하게 된다. 규정치 이상의 전류가 전선에 흐르는 것을 과부하라고 한다. 따라서 문어발처럼 연결된 전기기구의 전류가 증가하게 되어 그 콘센트에는 열이 더욱 많이 발생($P = I^2 R$)하게 되므로 전선의 피복을 녹일 정도가 되면 결국 화재의 위험이 따르게 되어 대단히 위험한 것이다.

가정에 있는 누전차단기에는 녹는 온도가 낮은 납 성분인 적정 기준의 퓨즈가 달려 있는데 과전류가 흐를 경우 퓨즈가 끊어지거나 누전차단기가 내려가 위험을 예방한다. 퓨즈는 그림 22.2에서 보는 바와 같이 회로에 직렬로 연결하는데 이렇게 하면 전체의 전류는 반드시 퓨즈를

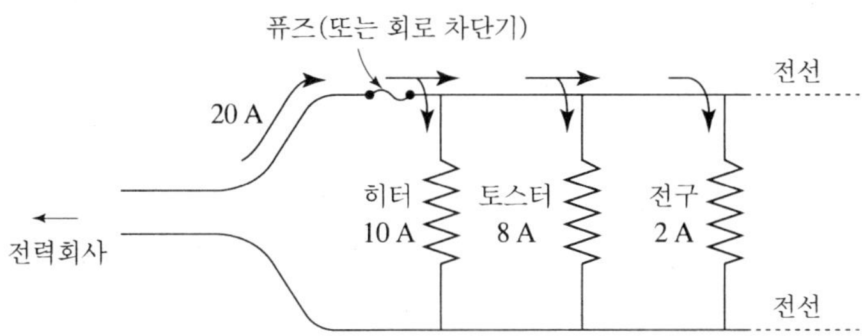

그림 22.2 여기에 다른 전열기를 병렬로 더 연결하면 어떻게 될까?

통하게 된다. 회로 내에서 어떤 이유로 과부하가 되면 먼저 퓨즈가 끊어져 안전을 보장하는 것이다. 만약에 퓨즈를 규격 이상의 것을 쓰거나 구리선 등으로 연결하면 어떤 일이 일어나게 될지 상상이 되는가? 또 가끔씩 전선을 싸고 있는 피복을 쥐 등이 갉아 놓아 벗겨진 경우가 있는데 피복이 벗겨진 전선끼리 직접 닿는 것을 합선이라고 한다. 합선이 되면 회로의 길이가 줄어들어 전류가 회로에 있는 저항을 통과하지 않고 바로 합선된 부분으로 흐른다. 이렇게 위험할 정도의 큰 전류가 흐르게 되어 화재의 원인이 되기도 하는 것이다.

체지방을 측정하는 체중계가 있는데, 그 작동원리는 인체의 저항을 이용한다. 체중을 측정할 때에 체지방 측정기가 달려 있는 측정기는 전극을 양손에 잡고 있으면 인체에 약한 전류가 흘러 체지방량을 알 수 있도록 되어 있다. 인체를 구성하는 각 성분은 고유한 저항치를 갖고 있기 때문에 성분에 따라서 저항치가 다르게 나타난다. 이 중에서 지방에 포함된 수분은 그 함량이 적기 때문에 전류가 잘 흐르지 못하는 도체가 되고 전류가 잘 흐르는 다른 수분의 저항과 비교를 통해 체지방량을 정확하게 측정하여 비만도를 알게 되는 것이다. 이것을 **생체전기 저항법**이라고 한다.

크리스마스 장식용 전구는 직렬로 연결한다. 앞에서 살펴보았듯이 병렬로 연결할 경우 전구의 개수가 늘어나면 과전류가 흐르게 되어 위험성이 있기 때문이다. 그런데 직렬로 연결하여 사용하면 또다른 문제점이 있다. 만약 100개의 전구가 연결된 경우, 그 중 한 개가 끊어지면 모든 전구의 불이 나가게 된다. 끊어진 것을 찾으려고 한 개씩 조사를 해야 하는 번거로움이 있고, 100번째 전구가 나갔다면 100번의 검사를 해야 한다. 이러한 수고를 덜기 위해 크리스마스 전구는 그림 21.3과 같은 구조로 되어 있다. 필라멘트보다는 저항이 대단히 큰 점퍼(jumper)가 필라멘트에 병렬로 연결되어 있어 정상적일 때는 전류가 필라멘트 쪽으로만 흐른다. 그러다가 필라멘트가 끊어지면 필라멘트의 저항이 무한대가 될 만큼 커지므로 전류는 점퍼 쪽으로 흘러 그 전구의 불은 나가도 전체적으로 정상적으로 작동하게 된다. 이렇게 되는 이유는 전류는 항상 흐르기 좋은 쪽, 즉 저항이 작은 쪽으로 흐르는 성질이 있기 때문이다.

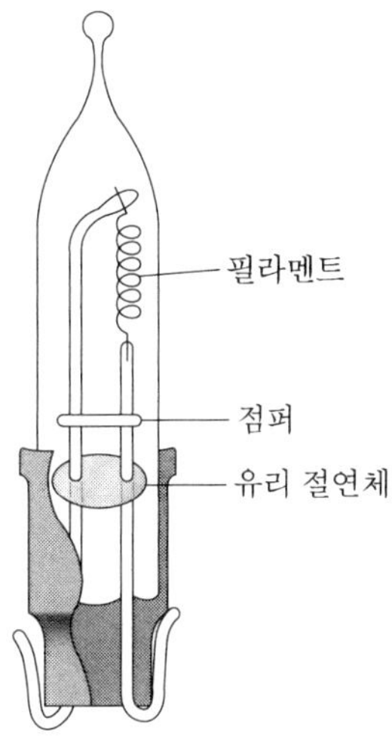

그림 22.3 크리스마스 전구는 필라멘트가 끊어져도 전류를 통과시키는 점퍼가 있다.

질문

1 여러 개의 전구가 병렬연결되어 있는 회로에서 하나의 전구가 끊어졌을 때 회로의 전류는 어떻게 될까?

2 전구에 공급되는 에너지의 몇 퍼센트만 빛으로 전환된다. 나머지는 어떻게 되는가?

3 두 개의 전구를 건전지에 연결할 때 병렬연결과 직렬연결 중 어느 것이 더 밝은가? 건전지의 수명은 어느 때가 더 오래 가는가?

4 건전지를 직렬로 연결할 때와 병렬로 연결할 때의 차이점은 무엇인가?

제**23**과

오래 쓴 전구는 왜 흐려질까?

백열전구는 지금은 많이 사용되고 있지 않지만 오래 사용하면 뿌옇게 흐려지는데 그 이유는 무엇일까? 백열전구는 진공 유리구 안에 텅스텐으로 만든 필라멘트를 봉입하고 전류를 흘려 빛을 내게 하는 구조로 되어 있다. 필라멘트에 전류가 흐르면 필라멘트가 고온으로 가열되어 온도 복사에 의한 발광현상이 일어나는데 이러한 현상을 이용한 것이다. 밝은 빛을 내야 하는 필라멘트는 녹는점이 높아야 하고 고온에서 기계적 강도가 커야 하며 증발성도 낮아야 한다. 에디슨은 이러한 재질을 찾아내려고 2,000번이 넘는 실패를 거듭한 것으로 알려져 있다. 백열전구는 같은 밝기의 형광등에 비해 3배 정도 에너지 소모가 많지만 켤 때의 에너지 소모는 오히려 적어 자주 켜고 끄는 곳에 사용된다.

그런데 발광체로 이용하는 필라멘트에는 전기저항이 존재하기 때문에 전류의 흐름이 방해를 받아 열이 발생되고 일정 온도 이상이 되면 백색광으로 발광을 하게 된다. 백열전구의 이러한 기능은 전기저항이 없다면 일어나지 않는다. 그렇다면 전기저항은 어떻게 표현되는 것인가? 도선의 전기저항은 $R=\rho\frac{l}{A}$로 정의되는데 ρ는 물질이 갖는 고유저항값으로 물질의 형태, 크기, 전류가 흐르는 방식 등에 의존되는 값으로 단위는 [Ωm]이다. l은 도선의 길이이며, A는 도선의 단면적이다.

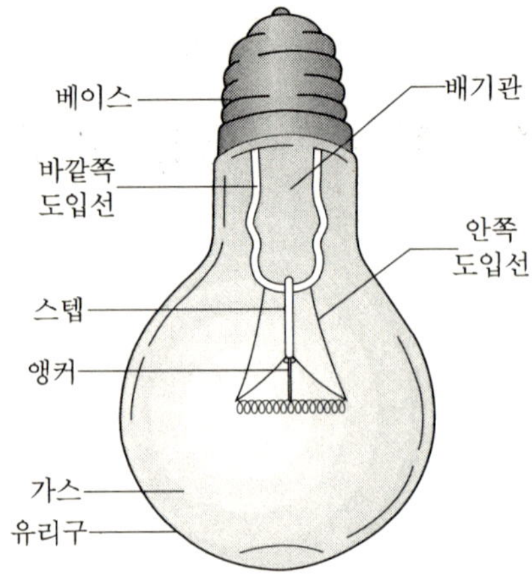

그림 23.1 백열전구의 구조

필라멘트에 전류가 흘렀다 끊어졌다를 반복하게 되면 필라멘트의 표면에 작은 틈새가 생기게 되고 결국에는 아주 작은 부스러기들이 표면에서 떨어져 나오게 된다. 그러면 필라멘트는 단면적이 줄어들게 되고 단면적이 줄어들면 전기저항은 커지게 되므로 같은 전압하에서 전류와 저항은 반비례하기 때문에 흐르는 전류량은 감소한다. 전류가 감소하면 발생되는 빛의 양 또한 줄어들게 되므로 백열전구가 흐려지는 이유의 하나가 된다.

그렇다면 필라멘트 표면에서 떨어져 나온 텅스텐 입자는 어떻게 되었을까? 전구의 유리구 안에는 더 이상 갈 곳이 없으니 유리구 안쪽에 달라붙게 되고 이로 인하여 유리구가 까맣게 변하게 되는데 이것을 **흑화현상**이라 부른다. 흑화현상 또한 백열전구를 어둡게 하는 이유가 된다. 원하지 않던 흑화현상은 오히려 과학분야나 산업분야 등에 폭넓게 활용되고 있다. 물질을 고온에서 증발시켜 이 증기를 다른 물체의 표면에 증착시키는 것으로 진공증착이라고 하는 기술이 있다. 증착시키고자 하는 물질을 텅스텐 보트 위에 올려놓고 필라멘트를 가열하여 재료를 들뜨게 한 다음 코팅하는 방식이다. 재료를 증발시키는 방법은 전자빔 조사, 고주파 가열, 방전 가열 등이 이용된다. 이러한 증착막은 금속박막, 반도체 소자의 도체 부분 형성, 저항체 박막, 디스크의 금속성 자기막을 만드는 데 활용되는 중요한 기법이다. 예를 들어 요즈음 판매되고 있는 벽걸이형 TV는 화면에 따라 가격이 기하급수적으로 늘어나는데 다른 이유도 있겠지만 화면 안쪽 면을 코팅하는 기술값이 많은 부분을 차지한다. 코팅 재료를 화면의 안쪽에 균일한 두께로 코팅해야 왜곡되지 않는 화질을 보일 수가 있는데 100 inch 크기의 화면을 코팅하는 기술은 만만치가 않다. 100 inch 크기의 LCD TV는 가격이 1억 원 가까이 한다.

백열등은 오랜 기간 동안 어둠을 밝히는 중요한 도구로 활용되어 왔다. 그러나 알고 있듯이 열 발생이 많아 효율성이 떨어지고 수명 또한 길지 않기 때문에 최근에는 LED 조명이 각광을 받고 있다. LED는 Light Emitting Diode의 약자로 발광 다이오드라고 하는 것인데 화합물 반도체의 특성을 이용하여 전기신호를 적외선 또는 빛으로 변화시키는 소자이다. LED 조명기구의 장점은 할로겐의 2~3배, 형광등의 5배라는 높은 가격에도 불구하고 수명이 길고 친환경적이며 효율이 높다는 데 있다. 무엇보다 무수은 조명으로 여러 가지 색상과 가공의 편이성으로 다양한 연출이 가능하다는 장점이 있어 부가가치가 높은 차세대 조명으로 각광받고 있다.

디스플레이 장치는 현대생활에서 떼어놓을 수 없는 존재가 되었다. 이전에는 CRT(Cathod Ray Tube)가 디스플레이 장치를 주도하였고, 고 백남준씨는 CRT TV를 활용한 설치예술작품으로 이름을 떨치기도 하였다. 그러나 노트북 컴퓨터와 같은 모바일 디스플레이 장치가 등장하면서 고화질과 더불어 전력 소모를 최대한 줄여야 하는 문제에 부딪치게 되었다. 그 결과 탄생한 것이 LCD 모니터이다. LCD는 CRT에 비해 가벼우며 얇고 전력소모가 적은 장점이 있지만 반대로 CRT에 비해 선명도가 떨어지고 응답속도가 느리며 시야각에 제한이 있는 등 치명적 약점이 있다. LCD는 Liquid Crystal Display의 약자로 고체와 액체의 중간 성질을 갖는 액정 소자를 이용하는 방식이다. 이 액정 소자는 스스로 빛을 내는 것이 아니고 빛을 통과시켜 원하는 화상과 색을 표현한다. 그래서 선명도가 떨어지고 응답속도가 늦으며 시야각에 제한이 생기는 결정적인 단점이 있다. 이러한 문제점을 보완하여 최근에는 PDP, LCD에 이어 LED TV가 생산되어 판매되고 있다. CRT TV는 백열등의 화질, LCD TV는 형광등의 화질로 비교한다면 LED TV는 빛의 화질, 꿈의 화면이라는 선명성과 얇고 초절전의 특징을 내세워 TV 시장에 뛰어들어 기존 TV와 경쟁을 시작하였다.

LED는 스스로 빛을 내는 반도체를 이용하기 때문에 색을 왜곡시키지 않고 자연의 색을 그대로 표현할 수 있으며 전력 소모도 획기적으로 줄일 수 있다. 그런데 최근에는 한 발 더 나아가 OLED(Organic Light Emitting Diodes)라고 하는 유기 발광소자로 진화하였다. OLED는 응답속도가 LCD의 1,000배 이상 빠르며, 유연성이 있는 플라스틱을 이용하여 상이 왜곡되는 문제로 시야각 때문에 불가능하였던 휘어지는 디스플레이가 가능한 수준까지 도달하였다. 얼마 뒤에는 TV를 둘둘 말아 가지고 다니다가 필요할 때 펴서 보는 시대가 올 것이다. 그러나 OLED에도 발광 다이오드의 수명이 색에 따라 다르기 때문에 발생하는 문제점을 안고 있다. 이러한 문제점이나 또 다른 필요성이나 요구에 따라 과학기술이 점차 발전되는 것이 아니겠는가?

질문

1 오래된 형광등의 양끝 부분은 왜 검게 변하는 것일까?

2 전선에 220 V의 전압이 공급되고 있고 15 A의 퓨즈에 연결되어 있다. 3 kW의 전열기를 사용할 수 있는가?

제 24 과
자석은 어떻게 만들까?

자기(magnetism)라는 용어는 그리스 마그네시아 지방에서 발견된 돌이 철조각을 끌어당기는 현상이 알려지면서 그 지방의 이름을 따서 유래되었다. 16세기경에는 영국의 길버트(Gilbert)가 철조각을 돌에 문질러서 자석을 만들었고, 1750년에 미셀(Michell)은 자석의 힘이 역자승의 법칙을 따른다는 것을 발견하였으며, 뒤에 쿨롱(Coulomb)에 의해 증명되었다. 전기와 자기는 서로 독립적으로 발전되어 오다가 1820년 외르스테드(Oersted)가 전류가 나침반의 바늘을 움직인다는 사실을 발견하면서 그 연관성을 알게 되었고, 앙페르(Ampère)에 의해 자석의 근원이 전류라는 것이 밝혀졌다.

자석에는 두 극이 있는데 북쪽을 가리키는 쪽을 N극, 남쪽을 가리키는 쪽을 S극이라 부른다. 전기와 마찬가지로 같은 극끼리는 밀어내고 다른 극끼리는 끌어당기는 힘이 작용한다. 이렇게 전기와 자기는 유사성을 갖고 있기는 하지만 결정적인 차이가 있다. 전기는 양전하 혹은 음전하가 홀로 존재할 수 있지만 자극은 홀로 존재할 수 없는 것으로 알려져 있다. 자기홀극이 존재할 것이라는 주장이 있기는 하지만 아직까지 그 존재를 밝히는 데는 실패하였다.

물체를 놓아주면 어떤 힘이 작용하여 물체를 지구 쪽으로 끌어당기는데 이것은 눈에는 보이지 않지만 질량이 있는 주변에는 그 힘이 미치는 영역인 **중력장**이 존재한다는 증거이다. 또 전하의 주변에도 눈에는 보이지 않지만 힘이 미치는 영역인 **전기장**이 존재하여 같은 극성끼리는 척력이, 다른 극성끼리는 인력이 작용한다. 이와 마찬가지로 자석이 있는 주변에도 자석의 힘이 미치는 공간이 존재하는데 이것을 **자기장**이라고 한다. 전류가 흐르는 도선 주위에 나침반을 가져가면 도선의 위쪽과 아래쪽에서 나침반의 바늘이 반대 방향으로 움직이는데 이것으로 자기장은 전하의 움직임으로 인해 생긴다는 것을 알 수 있다. 전하의 운동이 자기장을 만든다면 막대자석의 경우에는 어느 곳에 전하의 운동이 있는 것일까?

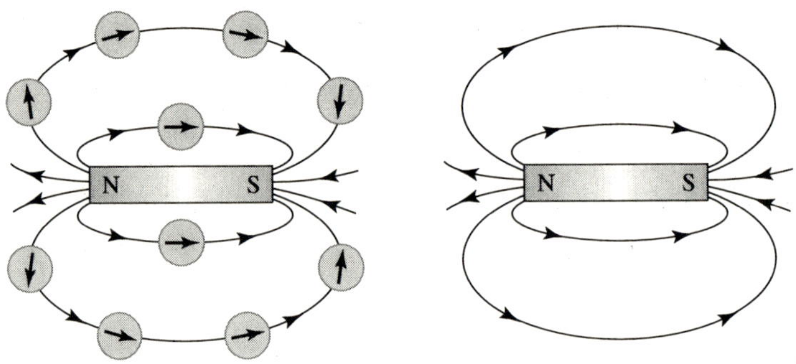

(a) (b)

그림 24.1 막대자석의 (a) 자기장의 궤적, (b) 자기력선

물질을 구성하고 있는 원자는 원자핵의 주변을 전자가 감싸고 있는 구조를 갖는다. 그런데 전자는 원자핵에 의하여 인력을 받으므로 핵 쪽으로 끌리게 되고 끌려가지 않기 위해 마치 지구가 태양의 둘레를 공전하는 것처럼 핵 주위를 공전한다. 이때 생기는 자기장을 궤도 자기장이라 부른다. 또 지구의 자전과는 똑같지 않기는 하지만 전자 스스로 스핀운동도 하게 되는데, 이때 생기는 자기장을 스핀 자기장이라 부른다. 일반적

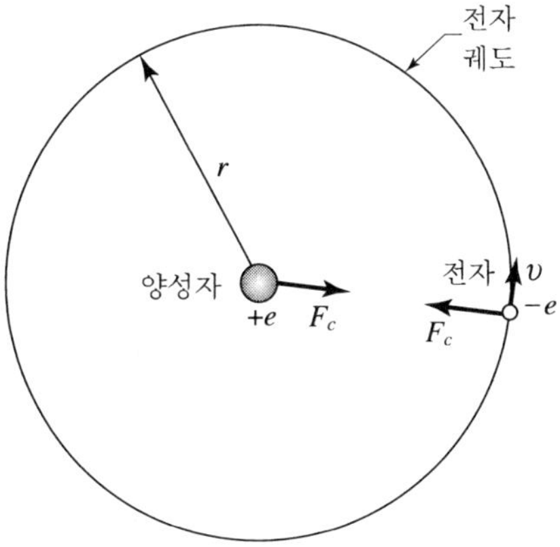

그림 24.2 수소원자에서 전자의 궤도운동

으로 물질 내에서는 궤도운동에 의해 생성되는 자기장은 다른 전자에 의한 궤도 자기장과 상쇄되어 0이거나 아주 작아 궤도 자기장보다는 스핀 자기장이 주도적으로 나타난다. 따라서 대부분의 원자는 그 자체가 하나의 자석이라고 볼 수 있다. 스핀 자기장도 반대 방향의 스핀운동에 의한 효과로 인해 자기장이 상쇄되어 모든 물질이 자석의 성질을 띠지는 않는다. 그러나 철, 니켈, 코발트 같은 물질들은 자기장이 완전히 상쇄되지 않는다. 철원자들은 서로 상쇄될 쌍이 없는 4개의 전자를 갖고 있으므로 철원자 자체가 자석의 성질을 띤다. 이와 같은 성질을 갖는 철, 니켈, 코발트를 **강자성체**라고 한다.

강자성의 물질에서는 이웃한 원자들 사이에 강한 결합력을 갖고 있어 이들의 스핀을 한 방향으로 정렬되게 한다. 많은 수의 원자들이 이렇게 한 방향으로 정렬된 구역을 **자기구역**(magnetic domain)이라 한다. 자기구역의 크기는 대략 10^{-6} m에서 10^{-2} m 정도로 수억 개 정도의 원자가 포함되어 있다. 철에는 많은 원자가 포함되어 있으며 멀리 떨어진 원자들끼리는 구속력이 약하여 자기구역이 규칙적으로 배열되어 있지 않다. 그래서 자화되지 않은 철은 자기구역이 철 물질 내에 불규칙하게 분포하므로 자성을 띠지 않는다.

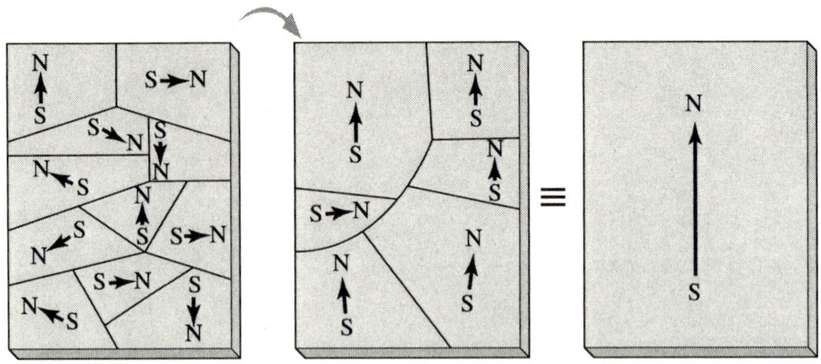

그림 24.3 자화되지 않은 철 조각(a)의 자기구역. 철 조각이 외부 자기장에 노출되면 자기구역이 정렬되고(b) 자성을 띤다.

자성을 띠지 않은 철을 외부 자기장에 노출시키면 자기구역이 외부 자기장의 방향으로 늘어나게 되고 이로 인해 자성을 띠게 된다. 외부 자기장을 제거하면 자기구역이 원래대로 잘 돌아가지 않고 유지되는데, 이러한 성질을 **경자성**이라 부르며 그 결과 영구자석이 된다. 못과 같은 철은 외부 자기장을 멀리 하면 원자들의 열운동에 의해 자기구역이 다시 원래대로 무질서하게 되어 자성을 잃는다. 이것을 **연자성**이라 한다. 철 자체는 연자성이지만 철과 니켈, 코발트, 가돌리늄 등의 화합물은 강자성 물질이므로 이 물질들을 큰 자기장 속에 놓아 영구자석으로 만들 수 있다.

막대자석은 유연성이 부족하여 사용이나 가동에 불편함이 있는데 이러한 단점을 보완한 것이 고무자석이다. 고무자석은 페라이트(ferrite)의 미세분말과 고무나 수지를 혼합한 후 자화시켜 탄성과 가공성을 좋게 한 것으로 산업용이나 생활용품으로 광범위하게 쓰이고 있다. 최근에는 자성나노입자라고 하는 강자성을 띠는 입자인 산화철이나 페라이트 등을 이용하여 액체성을 띠는 자석을 개발하여 자성잉크나 광학적 응용에 활용하고 있다.

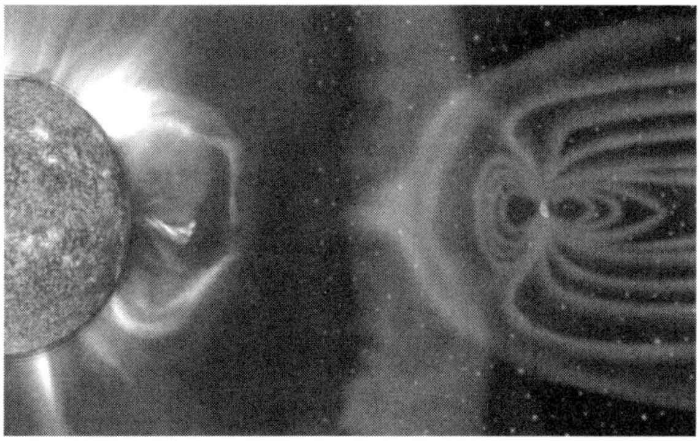

그림 24.4 태양풍과 우주선을 막아주는 지구 자기장의 보호막

지구는 하나의 커다란 자석으로 지구 중심 근처에 커다란 막대자석이 있는 것과 같은 자기장을 나타내는데 자성을 갖는 이유는 아직까지 명확하게 밝혀지지 않았다. 다만 용융상태인 지구 중심의 외핵이 지구 중심의 열에 의한 대류와 지구의 자전 효과에 의한 대류가 자기장을 만든다고 추측하고 있다. 목성은 지구보다 자전속도가 빠른데 목성의 자기장은 지구보다 크며, 금성의 자전속도는 지구보다 느리고 금성의 자기장은 지구보다 약한 것으로 보아서 어느 정도 타당성이 있는 것으로 밝혀지고 있다. 지구의 자기장은 우주에서 쏟아지는 대전된 입자인 온갖 우주선을 편향시키거나 태양풍을 왜곡시켜 지구의 생명체를 보호하는 중요한 역할도 한다. 또한 비둘기나 꿀벌 등은 작은 자기장에도 영향을 받는 자성물질을 갖고 있어 특별한 자기감각을 띠고 있으므로 위치를 잘 추적하는 것으로 알려져 있다. 철새들의 이동감각에 대해서는 아직까지 완전히 밝혀지지는 않았지만 이들의 이동에 관계하는 것도 지구 자기장의 영향이라고 판단하고 있다. 철새들은 주변의 기온에 변화가 생기면 신체 내부의 생리적 변화로 인해 이동을 결심하는 것으로 밝혀졌으며 이동경로에 대한 정보를 지구 자기장의 방향이나 지구의 자전 등으로부터 제공받는 것으로 알려졌다.

지구의 역사를 통틀어 볼 때 지구의 자기장은 안정되지 않은 것으로 밝혀졌다. 원인은 알 수 없지만 암석의 자기적 성질을 관찰하면서 밝혀진 사실은 지난 500백만 년 동안 20번 이상의 자기장이 역전된 것을 발견하였다. 지구 자기장이 역전되었다는 사실은 지구의 남극과 북극이 바뀌었다는 것을 말해주는데 이것은 지구상의 생물체에게는 심각한 영향을 주는 대재앙일 것으로 생각하고 있다. 지구 자기장의 역전이 최근에는 70만 년 전에 일어났으나 그 변화가 불규칙적이라 다음에는 어느 때 일어날지 아무도 알 수 없다.

질문

1 자석은 자석이 아닌 철 조각을 어떻게 끌어당길 수 있는가? 종이는 왜 끌어당기지 못하는가?

2 자석을 두드리면 자성이 약해지든가 자성이 없어지는 이유는 무엇인가?

3 우리나라에서 사용하던 나침반을 가지고 뉴질랜드로 여행을 갔다. 이 나침반이 뉴질랜드에서 정상적으로 작동하겠는가?

제 25 과

전기는 어떻게 만들까?

1820년에 외르스테드(Oersted)는 전류가 흐르는 도선 주위에 자기장이 형성된다는 사실을 발견하였다. 이에 따라 역으로 자기로부터 전기를 만들 수 있을 것이라는 가능성이 제기되었다. 그 10년 뒤 패러데이(Faraday)와 헨리(Henry)는 코일에 자석을 넣었다 빼었다 하면 코일 양단에 전류가 발생함을 발견하였다. 즉, 도선과 자기장의 상대적인 운동에 의해 전압이 유도된다는 사실을 발견한 것이다. 이것을 **패러데이의 법칙**이라 하는데 도선에 유도되는 전압은 도선의 감은 수와 자기장의

그림 25.1 자석을 코일 안으로 밀어 넣을 때 코일에는 전압이 유도된다.

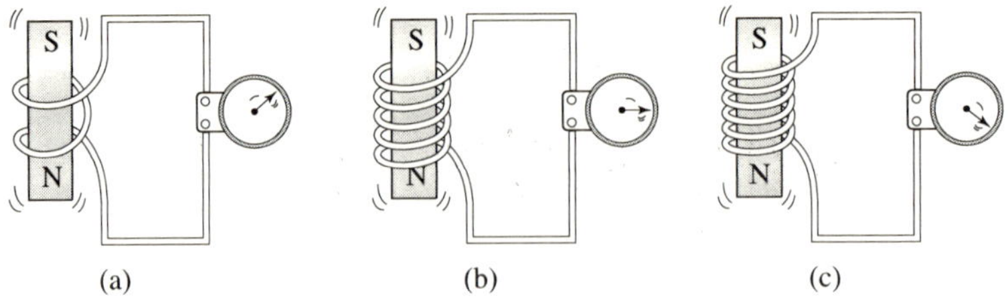

그림 25.2 자석이 코일 안으로 들어갈 때 코일에 전압이 유도된다. 감은 수가 증가하면 자석을 넣기가 어려워지지만 감은 수에 비례하는 전압이 유도된다.

변화율에 비례한다.

많은 유도전압을 발생시키기 위해 도선을 많이 감으면 되지만 이때는 에너지 보존법칙에 의해 더 많은 일을 해야 한다. 다시 말해서 도선이 감긴 고리 사이로 자석을 넣으면 중력에 의해 처음에는 잘 지나가 유도전압이 발생하지만 도선 수가 증가하면 오히려 아주 큰 힘을 가해 넣어주어야 유도전압이 발생한다.

전압을 유도할 때 자석을 움직이는 것보다 자석 사이에 코일을 넣고

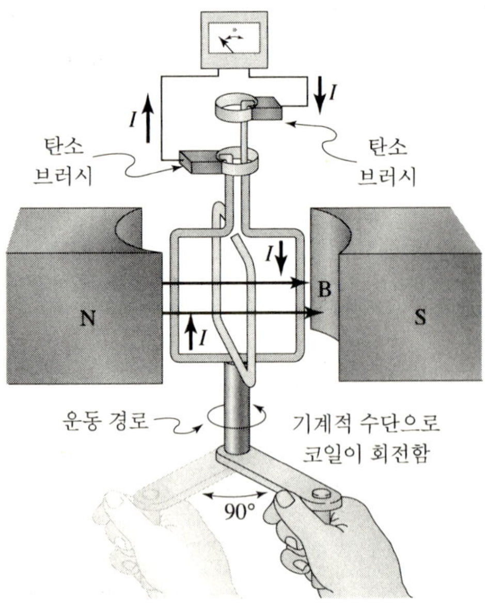

그림 25.3 발전기의 동작도. 코일이 180° 회전하면 반대 극과 만난다.

움직이는 것이 보다 실용적이다. 그림 24.3과 같이 고정되어 있는 자기장 내에서 코일을 회전시키는 방법이 이용되고 있는데 이것을 발전기라고 한다. 그런데 자석 사이의 코일을 어떤 힘을 이용하여 회전시켜야 하는가 하는 문제가 남아 있다. 테슬라(Tesla)는 낙하하는 물의 힘이나 수증기의 힘으로 자석 사이의 전동자를 움직이는 장치를 고안하였는데, 이것이 수력발전 또는 화력발전이다.

원자력발전도 이와 유사하다. 원자로 안에서 일어나는 핵분열에 의해 발생되는 열을 식히기 위해 냉각수가 필요한데 발생하는 냉각수의 증기를 활용하여 전동자를 돌려 발전하는 것이다. 현재의 원자력발전은 화력발전의 보일러 부분을 원자로로 대체한 것이다. 어느 경우에나 마주보고 있는 서로 다른 극의 자석 사이에서 전동자 회전에 의해 발전되는 유도전압은 전동자의 한쪽 면이 자석의 N극과 S극을 교대로 지나기 때문에 극성이 교대로 나타난다. 이러한 유도전압을 교류라 한다. 우리나라에서는 초당 60번을 회전시켜 얻는 60 Hz의 교류를 사용한다. 결국 수력발전, 화력발전, 원자력발전 모두 자석 사이의 전동자를 돌려 전기를 얻는 것이다. 소규모이지만 요즈음 활용되고 있는 풍력발전도 같은 방법이다. 그러나 태양을 이용한 발전은 이와는 다른 물리적인 기법을 활용한다.

금속 표면에 일정한 진동수 이상의 빛을 쪼이면 금속 표면에서 광전자가 방출되는 **광전효과**가 일어난다. 발생되는 광전자를 외부에서 전기장을 가해 한 방향으로 움직이게 하면 외부에 광전류가 흐르게 된다. 광전류를 얻기 위한 근본은 태양광인데 지구가 태양으로부터 1시간 동안 받는 에너지는 대략 현재 전 세계가 1년 동안 소비하는 에너지량과 같을 정도로 막대하다. 그러나 그 밀도가 낮다는 것과 현재의 기술로는 에너지 변환 효율이 낮아 경제성이 좋지 않다는 문제점을 안고 있다.

태양에너지를 이용하는 방법에는 위와 같이 태양빛이 태양전지에 비추어질 때 발생하는 반응을 이용하는 태양광 발전과 태양열을 모아 열기관을 활용하여 터빈을 돌려 발전하는 태양열 발전이 있다.

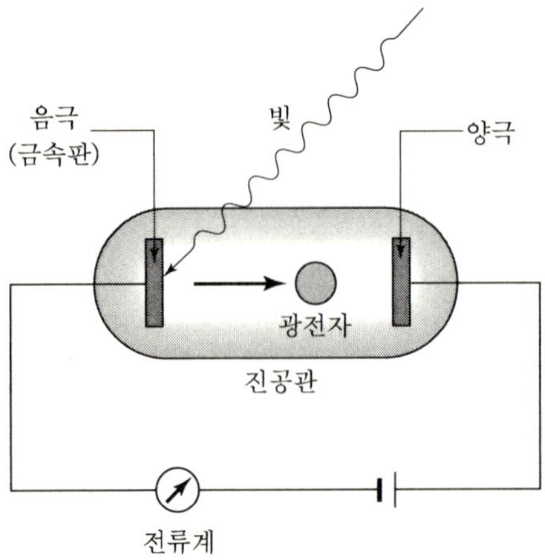

그림 25.4 광전효과 개요도

태양열 발전은 태양열을 집열판에 모아 물을 데워 발생하는 증기를 이용하여 발전하는 집열판 방식과 반사판으로 태양열 한 곳에 집중시켜 물을 데우는 반사판 방식이 있다. 집열판 방식은 간접적인 태양광이나 흐린 날에도 발전이 가능하다는 장점이 있는 반면 높은 온도를 얻기 어렵다는 단점이 있다. 반사판 방식은 수백 도에서 천 도 가까운 온도를 얻을 수 있으나 맑은 날에만 작동이 가능하다는 문제점이 있다.

태양광 발전은 태양의 빛을 이용하여 바로 전기를 발생시키는 방법

그림 25.5 사하라 사막에 설치된 반사판 방식의 태양열 발전시설.

인데 이것에 대하여 좀더 살펴보기로 하자. 태양전지의 주된 재료는 실리콘인데 실리콘의 p-n 접합층이 빛을 받으면 전기가 발생되는 원리를 이용한 것이다. 태양전지는 실리콘과 같은 반도체나 화합물 반도체를 이용하는 무기물 태양전지와 염료감응형과 유기폴리머 태양전지가 포함되는 유기물 태양전지로 나눌 수 있다. 염료감응전지는 가시광선의 일부를 통과시킬 수 있는 나노 크기의 산화물과 다양한 색을 내는 염료를 이용하여 투명한 특성을 낼 수 있다. 기존의 태양발전 소자는 불투명한 데 비해 이것은 투명하기 때문에 유리창호 등을 이용한 발전이 가능하다. 또 2009년 4월에는 삼성전자와 금오공대 연구팀이 세계 최초로 투명하고 휘어지는 **나노전력발전소자**를 개발하였다. 나노전력발전소자는 반도체 나노물질인 산화아연(ZnO)의 압전효과를 이용한 것이다. 나노전력발전소자는 휘거나 누르거나 작은 진동에도 발전하는 특징을 갖기 때문에 충전 없는 휴대폰과 같은 디스플레이 장치도 가능한 시대가 곧 다가올 것이다.

그림 25.6 투명한 특징을 보여주는 염료감응태양전지(KIST)

이렇게 다양한 방법으로 발전하여 얻은 전기 중에서 광전류를 제외한 다른 전류는 교류이기 때문에 용도에 따라서 직류로 바꿀 필요성이 생기는데 어떻게 교류를 직류로 바꿀까? 여기에는 다이오드라고 부르는 중요한 전기소자가 필요하다. 다이오드는 전류를 한 방향으로만 흐르게 하는 특성이 있기 때문에 두 방향으로 바뀌면서 진동하는 교류의 한 주기의 반만이 다이오드를 통과한다. 전류를 계속 흐르게 하면 거친 직류가 되는데 거친 직류의 언덕을 고르게 하는 축전기를 활용하여 점차적으로 매끄러운 직류로 전환시킨다.

많은 비가 내려 댐에 수량이 풍부해지면 물을 계속 흘리면서 수력발전을 하여 전기를 생산하는데 당장 필요하지 않은 전기는 어떻게 보관을 할까? 아직은 교류를 그대로 저장하는 방법은 없으며 교류를 직류로 변환시켜 축전기에 보관하고 교류가 필요하면 저장된 직류를 이용하여 교류로 만들어 사용한다. 그러나 이때 변환기 효율의 문제 때문에 많은 에너지 손실이 일어나 경제적이지 못하다. 여기에 획기적인 하나의 방법이 있는데 그것이 초전도체를 이용하여 전기를 보관하는 방법이다. 일반적인 도체는 내부저항이라는 저항이 있어 전기가 점차 소모되지만 초전도체는 내부저항이 거의 없어 지속적으로 전기가 흐를 수 있고 손실도 없으므로 초전도체에 전기를 흐르게 한 다음 그 연결을 끊으면 전기는 다음 연결 시까지 지속적으로 초전도체에 흐르게 되므로 손실 없는 저장이 가능하게 된다. 그러나 아직 극저온의 상태를 유지해야 하는 문제 때문에 연구 단계에 그치고 있다.

질문

1 발전기에서 전기를 만들어 사용하고 있을 때 발전기의 전동자를 움직이는 데 많은 힘이 드는 이유는 무엇일까?

2 발전기의 전동자를 빠르게 회전시키면 출력되는 전압도 증가하는가?

3 수도관이 길어지면 수압이 떨어지는 것과 마찬가지로 전기도 발전소에서 공장까지 보낼 때와 같이 전선이 길어지면 전압이 떨어지는데 어떻게 전기를 효과적으로 먼 거리를 수송할 수 있겠는가?

제 26 과

무서운 핵무기

우리가 공부하는 역학에는 고전역학과 현대물리학이 있는데 **고전역학**은 뉴턴에 의해 정립된 물리학의 한 분야이다. 뉴턴의 운동법칙에 포함되는 세상은 크기가 10^{-10} m보다는 크고 운동속도가 빛의 속도에 비해 대단히 느리게 움직이는 물체로 제한된다. 10^{-10} m는 물질의 성질을 띠고 있는 가장 작은 알맹이인 분자의 크기이다. 뉴턴 시대 이전에는 분자 이하의 세계에 대한 명확한 지식이 없었기 때문에 그 이하의 작고 빠른 입자에 대해서는 설명할 필요가 없었다. 그래서 고전역학은 10^{-12} m보다 작고 빛의 속도에 근접하는 빠르기로 운동하는 물체인 원자 이하의 세상에 대하여는 설명이 불가능하다. 그런데 과학의 발달과 더불어 원자 이하의 세계에 눈을 뜨게 되면서부터 극미의 세상을 설명하기 위한 새로운 학문이 요구되었다. 아주 작고 빠른 입자에 대한 설명을 위해 아인슈타인(Einstein)에 의해 제안된 상대성 이론과 보어(Bohr) 및 슈뢰딩거(Schrödinger) 등에 의해 세워진 양자역학이 포함되는 **현대물리학**이라는 학문이 등장하였다.

뉴턴의 법칙에 의하면 운동하는 물체가 갖는 에너지인 운동에너지는 속도의 제곱에 비례$\left(K=\frac{1}{2}mv^2\right)$한다. 따라서 정지해 있는 물체의 운동에너지는 0이다. 그러나 상대성 이론에서는 정지하고 있는 물체도 정지 질량에너지라 부르는 에너지를 갖는다고 설명한다. 화학반응에서는 반응 전의 물질의 양과 반응 후의 물질의 양이 같다고 하는 라부아지에(Lavoisier)의 **질량보존의 법칙**이라는 것이 있다. 이것은 1770년대 당시의 기준으로 볼 때 오차 범위 안에서 옳다는 것이 실험으로 증명되었다. 그런데 1932년 채드윅(Chadwick)이 중성자를 발견하고 1933년에는 한(Hahn)과 슈트라스만(Strassmann)은 놀라운 발견을 하였다. 한 등은 우라늄에 중성자를 충돌시켜 더욱 무거운 입자를 만드는 실험을 하였는데 오히려 우라늄에 충돌된 중성자에 의해 우라늄이 가벼운 원자핵으로 분열되는 현상을 발견한 것이다. 이것을 **핵분열**이라고 한다.

핵분열이 일어나는 이유는 우라늄핵이 중성자를 흡수하여 중성자에 의해 원자핵에 갇혀 있던 양성자들이 약간 멀어지게 되고 그로 인해 원자핵의 모양이 길쭉하게 되는 현상이 일어난다. 길쭉하게 되는 과정에서 전기적 척력이 더 길쭉하게 만들고 결국 임계점을 넘어서게 되면 핵이 두 개로 쪼개지는 현상이 일어나는 것이다. 이러한 핵분열이 일어날 때 앞에서 말한 질량 보존의 법칙이 성립되지 않는 사실이 발견되었다. 핵분열 전과 후의 질량을 비교하면 분열 후의 질량이 감소한다. 그렇다면 사라진 질량은 어떻게 된 것일까? 원자핵이 쪼개질 때 중성자 2~3개가 튀어나오고 에너지(2×10^8 eV)와 γ선이라는 방사선이 방출된다. 이때 방출되는 에너지가 아인슈타인이 주장한 $E=mc^2$으로 설명되는 정지 질량에너지인 것이다. 따라서 질량보존법칙보다는 질량-에너지 보존의 법칙이라는 표현이 더 적절하다. 이것을 **질량-에너지 동등성**이라고도 한다. 핵분열에서 1 g의 질량 결손이 일어났다고 가정했을 때 $E=mc^2$에 대입하여 에너지로 환산해 보면 2.5 kW인 에어컨 천만 대를 1시간 동안 켤 수 있는 양이다.

농축된 우라늄 1 kg에는 대단히 많은 수의 우라늄 원자가 존재하고 이 원자들은 10^6분에 1초 정도의 극히 짧은 시간 내에 연쇄반응을 일으키는 것이 핵연쇄반응이다. 이때 에너지가 천천히 방출되도록 하여 원자력 발전을 할 수 있다. 원자로 안에 핵연료를 넣고 핵분열을 일으키면

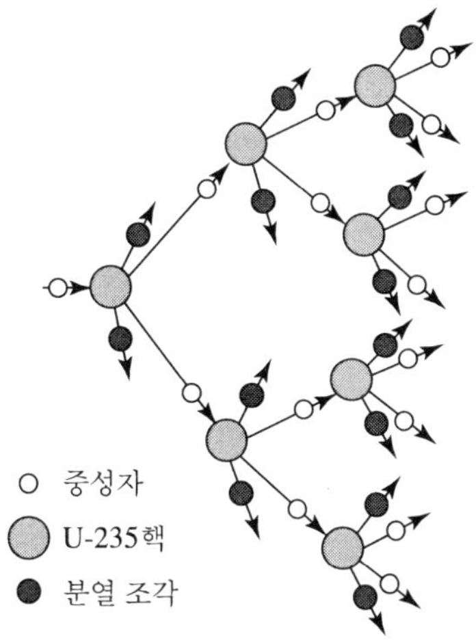

그림 26.1 U-235의 연쇄반응

핵분열 시 튀어나오는 2~3개의 중성자들이 연쇄적으로 핵분열을 유도하는데 중성자의 양을 조절하여 핵분열속도를 조절할 수 있다. 보론(B)은 중성자를 흡수하는 성질을 갖고 있기 때문에 보론으로 봉을 만들어 원자로에 넣었다 빼었다 하면서 중성자 수를 조절할 수 있는 것이다. 문제는 핵분열 시 γ선이라는 방사선이 나오는데 이것이 핵분열에서 발생되는 오염의 주된 원인이다. 원자폭탄이 터질 때 나오는 효과는 50%

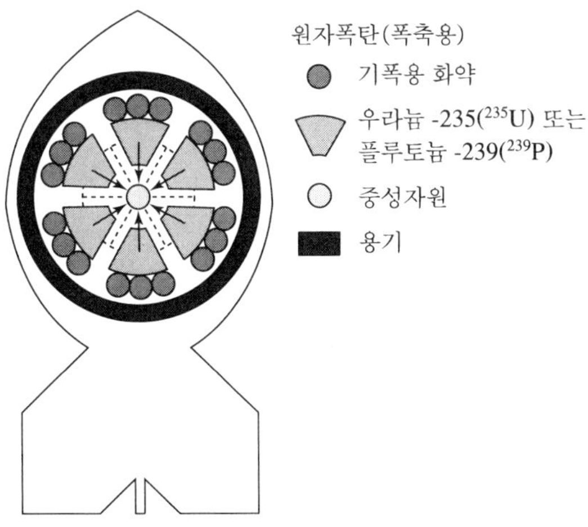

그림 26.2 원자폭탄의 개요도

의 열 효과, 35%의 폭풍 효과, 15%의 방사능 효과가 있다. 열이나 폭풍 효과는 비교적 좁은 지역에 국한되고 곧 사라지지만 방사능 효과는 광범위한 지역에 몇십 년 아니 몇백 년 동안 나타나기도 하는 무서운 것이다.

그런데 자연에 존재하는 우라늄은 연쇄반응이 일어나지 않는 이유가 무엇일까? 우라늄 중에서 연쇄반응을 일으키는 우라늄 동위원소는 ^{235}U로 0.7%밖에 존재하지 않는다. 따라서 대부분의 자연 우라늄(^{238}U)은 중성자를 흡수만하고 핵분열은 일으키지 않는다. 즉 자연 우라늄의 0.7%를 차지하는 ^{235}U에서 핵분열된 중성자가 나오더라도 ^{235}U에 흡수되는 것보다 ^{238}U에 흡수되는 양이 훨씬 많아 자연적으로는 핵분열이 일어나지 않는다. 얼마나 다행한 일인가? 연쇄반응을 일으킬 수 있는 최소한의 양을 임계질량이라고 하는데 자연 우라늄 중에서 ^{235}U를 추려 50 kg 정도의 임계질량을 만들어야 핵폭탄이 가능하다. 히로시마에 떨어뜨린 원자폭탄의 개요는 그림 25.2와 같다. 임계질량 이상의 핵분열성 물질인 우라늄-235(또는 플루토늄-239)를 기폭용 화약으로 순간적으로 압축시키면 중성자원에서 발생된 중성자에 의해 핵분열 연쇄반응이 일어나게 된다. 농축 우라늄을 얻는 다른 방법은 ^{238}U이 중성자를 흡수하면 β선을 방출하고 중성자가 양성자로 바뀌면서 넵튜늄이 되고 다시 넵튜늄이 β선을 방출하면 플루토늄이 되는데, 이것이 나가사키에 떨어진 2번째 원자폭탄의 원료인 농축 우라늄이다.

무거운 원자가 두 개의 원소로 쪼개지면서 에너지를 방출하는 것이 핵분열인 데 비해서 이와는 반대로 두 개의 가벼운 원소가 합해져서 무거운 원소로 되면서 에너지를 방출하는 것이 **핵융합**이다. 원자핵은 양성자와 중성자가 붙어 있는 형태인데 핵융합로에서 사용하는 연료는 중성자 1개와 양성자 1개인 중수소와 중성자 2개와 양성자 1개인 삼중수소이다. 이들 수소의 동위원소들을 가열하면 충돌하여 중성자 2개와 양성자 2개인 헬륨 하나와 중성자 하나를 만들어 내며 질량이 감소한다.

이렇게 감소된 질량이 앞에서 공부한 아인슈타인의 에너지 공식으로 설명되는 에너지로 변환되는 것이다. 일반적으로 원소 중에서 수소보다 무겁고 철보다 가벼운 원소는 핵융합을 할 때 에너지를 방출한다. 핵융합은 핵들끼리의 척력을 이기고 융합되어야 하기 때문에 핵융합의 과정은 적어도 1억 도 이상의 고온인 플라스마 상태를 만들어야 한다. 태양과 같은 항성들은 내부가 고온인 플라스마 상태를 유지하므로 계속적으로 핵융합반응이 일어난다.

원자폭탄이 개발되기 전에는 핵융합을 시킬 수 있는 온도에 도달할 수가 없었으나 원자폭탄이 터질 때의 열은 태양의 중심온도보다 무려 4~5배 높기 때문에 핵융합이 가능하게 되었다. 1952년에 수소의 핵융합을 이용한 수소폭탄이 실험되었고 핵분열 폭탄이 기폭장치의 역할을 하였다. 우리나라는 2007년 9월에 '차세대 초전도 핵융합 연구장치(Korean Superconducting Tokamak Advanced Research)'라는 실험용 핵융합장치를 건설하였다. 핵융합로를 건설한 나라는 전 세계에 몇 나라 되지 않는데 KSTAR만 하더라도 12년의 시간과 4000억 원이나 되는 연구비가 들었다. 핵융합을 활용하여 에너지를 얻는 기술은 다음의 몇 가지로 요약할 수 있다.

첫 번째는 1억 도 이상이나 되는 플라스마의 온도를 어떻게 유지하며 또 어디에 플라스마를 가두어 놓는가이다. 현재 가장 많이 쓰이는 방법은 자기장 안에 플라스마를 가두는 방식인데 플라스마 입자들은 전하를 띠고 있기 때문에 자기장 안으로 들어가면 자기력선 주변을 맴돌고 빠져나가지 못한다. 이때 초전도 선으로 만든 초전도 자석 사이에 플라스마를 가두는 기법이 우리나라 연구진이 개발한 방법이다.

두 번째는 수소의 동위원소를 얻는 기술이다. 중수소는 바닷물속에 풍부하게 존재하지만 삼중수소는 리튬원자를 분해해서 얻는다. 또 원자력 발전소의 폐기물에서 추출하기도 하는데 이러한 방법으로 우리나라가 세계에서 두 번째로 산업용 삼중수소를 생산하는 나라가 되었다. 이 삼중수소의 가격은 1 g에 3,000만 원이나 되며 1년에 700 g 정도밖에 나오지 않는다. 이렇게 기술적으로나 자금면에서 문제점이 많은데도 불구하고 핵융합은 방사능이 방출되는 수준이 아주 약한 저준위 방사능 폐기물만을 배출시키기 때문에 깨끗한 에너지원으로 각광을 받고 있는 것이다. 또한 핵융합에 필요한 재료는 고체물질을 높은 온도로 가열하여 원료를 얻는 방식이 활용되기도 하기 때문에 고체 폐기물을 재활용하는 이점이 있다. 그러나 앞에서도 살펴보았지만 대기압하에서 핵융합에 필요한 적어도 1억 도 정도의 고온을 어떤 방법으로 쉽고 싸게 얻을 수 있을까? 한 양동이에 들어 있는 물속의 수소만을 에너지원으로 하여 재활용하면서 우주여행을 할 수도 있는데 핵융합에 필요한 고온을 어떻게 하면 값싸게 얻을 수 있을까?

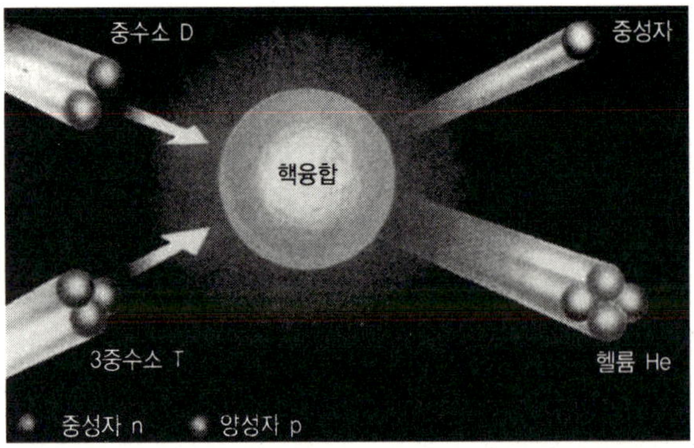

그림 26.3 두 가지 이상의 원자핵이 충돌하여 무거운 원소가 생성되는 핵융합의 개요도.

질문

1 핵에너지를 이용한 자동차가 아직 없는 이유가 무엇일까?

2 핵분열에 필요한 연료보다는 핵융합에 필요한 연료는 한 곳에 저장하는 데 한계가 있는 이유는 무엇인가?

제 27 과
휴머노이드의 에너지

휴머노이드(humanoid)란 인간형이거나 인간을 닮은 로봇을 말한다. 로봇의 역사는 공장에서 상품의 대량 생산을 위해 단순노동을 반복할 목적으로 산업용 로봇을 만들어 사용한 것으로 시작되었다. 요즈음에는 여기에서 몇 걸음 더 나아가 인간을 닮은 로봇을 만들어 인간과 같이 거주하면서 인간을 능동적으로 도와줄 수 있는 로봇을 요구하는 단계에 도달하였다. 이러한 로봇을 통틀어 휴머노이드라 부른다. 휴머노이드 제작이 가능한 근거는 센서기술, 구동제어기술, 인공지능기술 등이 놀랍게 발전하고 있으며, 컴퓨터의 연산능력이나 저장능력이 폭발적으로 증가하고 있을 뿐만 아니라 GPS, 비디오카메라 등 로봇에 필요한 장비나 부품 가격이 대단히 낮아졌기 때문이다. 여기에 덧붙여서 실리콘 등을 활용하여 인간의 피부와 감촉도 같고 체온도 같게 만들 수 있는 수준의 기술도 확보한 상태이다. 이렇게 사람과 똑같아 보일 정도로 발달한 인조인간은 안드로이드(android)라고 하는데 <터미네이터>라는 영화에 나오는 인간형 로봇 등이 대표적인 예이다.

그림 27.1 휴머노이드. 여기에 인간과 같은 피부, 표정, 부드러운 관절, 자연스러운 행동이 가능하도록 한다면 인간인가, 로봇인가?

여러 가지 기술을 활용하여 로봇이 다양한 자세에서도 부드럽게 무게중심을 잡고 행동할 수 있으며 걷거나 뛰는 동작도 가능하고 인공지능형 영상인식기술로 인간의 표정이나 태도로 인간이 의도하는 바를 알아차린다면 어떻겠는가? 또 목소리의 톤으로 화냄, 즐거움, 유혹 등의 감정을 느끼고 눈동자는 물론 피부의 감촉까지도 인간과 같은 로봇이 만들어진다면 그야말로 놀라운 세상이 될 것이다. 실제로 현재의 기술로도 이것이 어느 정도까지는 가능하다고 하지만 결정적으로 해결이 어려운 문제점이 있다. 그것은 바로 휴머노이드의 에너지원인 연료의 문제이다.

알다시피 인간도 활동을 하기 위해서는 에너지가 필요하고 이 에너지를 음식을 통하여 제공받는다. 성인이 하루 필요한 열량이 2,500 kcal 이고 이것을 전기에너지로 환산하면 3 kWh가 되는데 이것은 승용차용 배터리가 720 Wh이므로 승용차 배터리 4개에 해당하는 분량이다. 인간은 섭취한 열량의 약 70%를 체온유지나 장기의 운동과 같은 기초대사량에 필요한 에너지로 소모하고 나머지는 운동대사량으로 사용하지만 로봇은 기초대사량이 필요하지 않을 것이다. 그러나 로봇의 열효율성이 인간보다는 좋지 못할 것이므로 인간과 같은 에너지가 필요하다고 가정하자. 그렇다면 문제는 승용차용 배터리 한 개의 무게가 20 kgw이므로 자신의 무게를 빼고도 80 kgw를 항상 가지고 다녀야 하는데 그로 인해 발생되는 에너지 소모 또한 대단히 클 것이다. 그러니 하루에도 몇 번씩 전기 콘센트 옆에 서서 충전을 해야 하는 번거로움이 따를 것이다. 이것을 보완하기 위해서 니켈-카드뮴, 니켈-수소 등 니켈을 이용한다. 그러나 이들 전지에는 결정적 취약점인 메모리 효과가 있다. **메모리 효과**를 보완하여 개발된 전지가 리튬이온 전지이다. 메모리 효과란 충전지를 다 사용하지 않고 다시 충전하면 충전기는 최근에 충전된 용량만큼만 자기 용량으로 기억하여 기억용량이 줄어드는 특성을 말한다. 요즈음 전기자동차에 사용하고 있는 리튬폴리머 배터리를 휴머노이드 에너지원으로 사용한다면 승용차 배터리 용량에 해당하는 리튬폴리머 배터리는 16셀이고 하나의 무게가 1.5 kgw이므로 24 kgw로 줄어든다. 그러나 리튬폴리머 배터리는 과충전이 되면 셀이 쉽게 망가지며 내부부하의 상승으로 방전율이 급격히 저하되는 문제점과 미충전이 되면 약하지만 메모리 효과 발생으로 충·방전 용량이 줄어들고 수분에 노출되면 폭발하는 등의 약점이 있다. 현재의 기술로 승용차에 리튬폴리머 배터리를 장착할 경우 한 번 충전으로 80 km/h로 180 km를 달릴 수 있을 정도이며 하루 한 번 충전한다면 수명이 최대 5년이고 가격은 천만 원쯤 된다.

다른 방법은 25장에서 나왔던 나노 전력발전소자와 같은 압전효과를 이용하여 발전시킨 전압을 활용하는 것이다. 압전효과는 고체에 힘을 가하면 결정 표면에서 전기적 분극이 일어나는 현상으로 **피에조**(Piezo) **저항효과**라고도 한다. 이것은 어떤 종류의 결정판에 일정한 방향에서 압력을 가하면 판의 양면에서 외력에 비례하는 양 또는 음전하가 나타나는 일종의 분극현상을 말한다. 수정, 로셀염, 타이탄산바륨($BaTiO_3$), 인공세라믹(PZT) 등의 물질에 압력을 가하면 전압이 발생하고 이것을 압전효과라고 하는 것이다. 또는 반대로 이들 물질에 전압을 가하면 결정체가 변형을 일으키기도 한다. 최근에는 박막기술의 발달로 인해 압전필름이 개발되어 휘거나 누르거나 진동을 주어서 압전효과를 나타나게 할 수 있다. 로봇의 관절이나 신발바닥에 압전소자를 붙여 놓으면 로봇의 행동 하나하나에 의해 전기를 생산해 에너지원으로 쓸 수 있는 것이다. 로봇 그 자체가 발전소이면서 전기 사용처가 되는 것이다. 그러나 아직은 작은 움직임에서 높은 에너지를 얻을 만큼의 효율성이 따라 주지 못하는 문제점과 가격이 비싸다는 문제점이 있기는 하지만 그래도 가능한 방법이 아니겠는가?

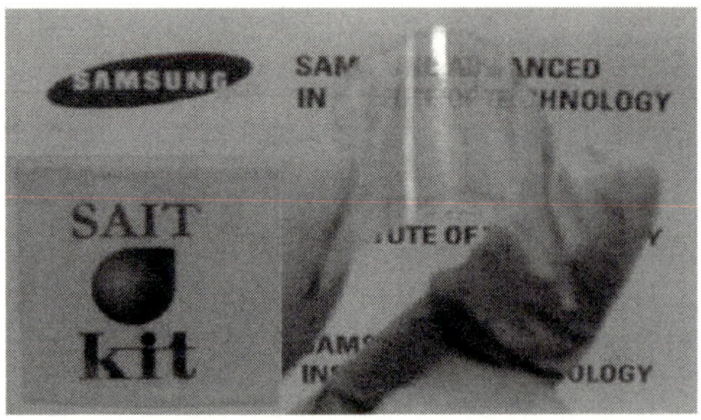

그림 27.2 삼성전자에서 개발한 휘어지는 나노전력발전소자.

만약 로봇이 인간처럼 유기물질의 식사를 한다면 어떨까? 로봇의 몸속에는 인간과 같은 내장기관이 있어야 하는데 현재의 기술로 가능한 것일까? 치아는 물론이고 식도, 위, 장 등 다양한 장기와 장기의 기능까지도 인간과 똑같아야 할 것이며 음식물의 소화를 통해 에너지를 얻어야 하는데 아직은 실현 가능성이 없을 뿐더러 가능하다고 하더라도 그 부산물도 문제이다. 게다가 식량 문제도 무시할 수 없는 부분이다. 그렇지 않아도 전 세계적으로 기아 문제가 심각한데 이에 역행하는 것에 동의할 수 없지 않은가? 한 가지 방법이 있기는 할 것 같다.

나노 기술을 이용한다면 어느 정도까지는 접근이 가능하다. 나노의 크기는 분자 정도의 크기를 말하는데, 그 크기에 도달하는 방법에는 두 가지가 있다. 하나는 큰 물질에서부터 순차적으로 미세화해가는 top down 방식이고, 다른 하나는 물질의 최소 단위인 분자를 원자 단위에서부터 조작하여 그 기능을 끌어내는 bottom up 방식이다. top down 방식의 대표적인 것이 바로 반도체의 개발이다. 반도체는 되도록 작은 면적 안에 많은 것을 집어넣기 위해, 즉 집적도를 높이기 위해 자꾸자꾸 축소시켜 가는 기술을 채택한다. 1년마다 집적도가 2배씩 증가한다는 **무어**(Moor)**의 법칙**이라든가 **황의 법칙**으로 설명되는 집적도가 자꾸 높여졌으나 최근에는 그 한계에 도달하여 3차원 반도체를 제작하는 단계까지 와 있다.

Bottom up 방식은 원자나 분자를 쌓아올려 물질을 통제하자는 것으로 물질은 100여 가지의 원소의 조합으로 이루어져 있으므로 가능한 방법이기도 하며 현재의 나노 기술의 주요 흐름이기도 하다. 드렉슬러(Drexler)는 창조의 기계라고 불리는 어셈블러(assembler)를 제안하였는데 어셈블러에 원료가 되는 탄소, 질소, 수소, 산소 등을 넣어 원하는 물질을 얻는 방법이다. 이때 물질의 구조대로 복제하는 레플리케이터(replicator)를 사용하면 원하는 것을 만들 수 있다는 것이다. 어셈블러와 레플리케이터로 구성된 기계 속에 재료의 원소를 넣고 버튼을 누르면 잠시 후에 빵이나 스테이크 등 원하는 음식이 나오게 할 수 있다는 것이다. 꿈 같은 이야기이지만 실현 가능성이 충분히 있는 생각으로 평가되고 있다. 그러므로 드렉슬러의 기계가 완성되면 로봇에 필요한 식량문제는 해결되기는 하겠지만 그래도 내장기관은 어떻게 할 것인가?

그렇다면 휴머노이드 몸 속에 작은 원자로를 집어넣어 원자력 발전으로 에너지를 얻는 방법은 어떨까? 얼마 전 개봉되었던 영화 <아이언 맨>에서 철갑 수트가 원자력으로 움직인다는 설정을 하였다. 그런데 만약 그 수트를 입고 활동할 때 방사능이 유출된다면 어떻게 될까? 정말 심각한 문제가 아닐 수 없다. 아직은 원자력을 이용할 경우에 발생되는 유출 방사능에 대해 철저히 차폐를 할 수 있는 기술이 없다. 그렇다면 또 다른 방법은 없는 것일까? 가장 그럴듯한 방법이 있는데 그것은

연료전지를 이용하는 방법이다. 연료전지의 종류에는 용융 탄산염 연료전지, 고분자 전해질 연료전지, 고체산화물 연료전지, 직접메탄올 연료전지, 수소-산소 연료전지 등이 있다. 이 중에서 가장 목적에 맞는 대표적인 것이 수소-산소 연료전지(줄여서 연료전지)이다. 연료전지는 물을 전기분해하면 수소와 산소를 얻을 수 있듯이 이 반응을 역으로 이용하여 수소와 산소가 반응해 물이 만들어질 때 생기는 에너지를 이용하는 것이다. 연료전지의 작동원리는 다음 순서와 같다. (1) 백금과 탄소성분으로 이루어진 연료극(anode)에서 주입된 수소가 수소이온과 전자로 분리된다. (2) 수소이온은 전해질층을 거쳐 역시 백금과 탄소성분으로 이루어진 공기극(cathod)으로 이동한다. (3) 연료극에서 발생된 외부회로로 유도되어 전류를 발생시키고 공기극으로 이동한다. (4) 공기극에 산소를 주입하면 수소이온, 전자와 결합하여 물이 생성된다.

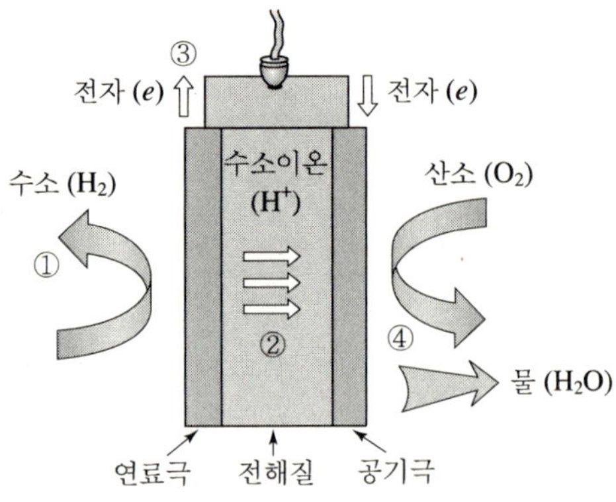

그림 27.3 연료전지원리의 개념도.

연료전지는 내연기관에 비해 2~3배 효율성이 좋으며 배기가스나 환경오염물질을 배출시키지 않는 등 대단히 환경친화적이다. 그러나 수소를 지속적이고 안전하게 공급하는 문제와 전극과 각 층을 분리하는 양성자 교환막의 생산 가격이 너무 높아 경제성이 떨어진다는 문제점이 있다. 수소는 기체상태보다는 액체상태로 공급하는 것이 효율적이지만 공기 중으로 유출되면 폭발하는 위험성이 있다. 그래서 메탄올이나 에

탄올과 같은 물질에서 수소를 발생시켜 공급하여 사용할 수도 있지만 휴머노이드 몸체가 커져야 하는 단점이 있다. 2008년에 우리나라 연구진이 이러한 문제점을 해결하는 놀라운 연구결과를 발표하였는데 바로 물속에 넣으면 수소가 발생하는 금속을 찾은 것이다. 현재로서는 연료전지가 고밀도, 고효율(40% 이상), 무공해, 무소음, 다양한 용량 제조 가능, 소형화 등의 특징이 있기 때문에 이동형 에너지원으로 가장 적당하다고 평가받고 있다.

질문

1 태양전지를 휴머노이드의 에너지원으로 한다면 어떤 문제점이 있겠는가?

2 연료전지에서는 수소를 배기하면 폭발 위험이 있기 때문에 산소를 주입하여 물로 만들어 배출하는데 이 물에서 수소를 뽑아 다시 연료전지를 가동하고 이것을 반복한다면 영구기관이 가능하다는 말인가?

제 28 과
공기의 무게

물속에서 물의 무게를 측정할 수 있을까? 물속에서 물의 무게를 측정하기 위해 저울에 달아보면 저울 바늘의 움직임이 없으므로 물의 무게는 알 수가 없다. 앞에서 공부하였듯이 무게를 측정하고자 하는 물덩어리에 아랫방향으로 작용하는 중력과 그 물덩어리를 위로 밀어올리는 힘인 부력이 같기 때문이다. 이것은 공기 중에서 공기의 무게를 측정하는 것이 불가능한 것과 같은 이치이다.

공기가 무게를 갖고 있는지의 여부는 두 개의 풍선을 이용하여 간단히 알 수 있다. 바람을 불어넣은 두 개의 풍선을 막대의 양 끝에 하나씩 매달아서 균형을 잡은 다음에 한쪽 풍선의 공기를 빼면 공기가 들어 있는 풍선 쪽으로 막대가 기울어지게 된다. 공기가 들어 있는 풍선의 내부 압력이 대기압보다는 크기 때문에 공기가 빠져나온 풍선보다는 무거운 것이다. 이것으로 공기도 무게를 갖고 있는 것을 알 수 있다. 그렇다면 공기의 무게는 어떻게 측정할까?

전자저울을 이용하여 먼저 공기를 넣지 않은 풍선의 무게를 측정한다. 다음에 풍선에 공기를 불어넣은 후 풍선의 무게를 측정하면 그 차이가 공기의 무게에 해당한다. 공기의 밀도는 1.29 kg/m^{3}로 알려져 있는데 가로, 세로, 높이가 각각 4 m, 5 m, 3 m인 방 안에 들어 있는 공기

의 무게는 얼마나 될까? 질량은 밀도와 부피의 곱이므로

$$공기의\ 질량 = 밀도 \times 부피 = (1.29\ \text{kg/m}^3) \times (60\ \text{m}^3) = 78\ \text{kg}$$

이 되는데 무게는 여기에 중력가속도를 곱해야 하니 780 N이나 된다. 이러한 공기의 무게 때문에 대기압이 나타나는데 지표면 근처에서의 대기압은 1기압(1 atm)이다. 1기압은 물 표면에서의 깊이가 10 m일 때의 수압에 해당한다. 1640년 토리첼리(Torricelli)는 1 m 길이의 한쪽이 열린 유리관에 수은을 채우고 수은 용기 속에 열린 쪽을 아래로 하여 수직하게 세우면 그림 28.1과 같이 유리관 내의 수은 기둥이 용기의 수은 면에서 760 mm까지 내려가 멈추는 것을 발견하였다. 이것은 수은 용기에 작용하는 대기압과 수은의 무게가 같기 때문에 균형을 이루어 일어나는 현상이다. 수은 기둥의 높이를 h, 대기압을 P, 수은의 밀도를 ρ, 중력가속도를 g라고 하면 $P = \rho gh$에 대입하여 대기압은 다음과 같이 계산된다.

$$\begin{aligned} P &= \rho gh \\ &= (13.595\ \text{g/cm}^3)(9.8\ \text{m/s}^2)(760\ \text{mm}) \\ &= 101255.56\ \text{N/m}^2 = 101255.59\ \text{Pa} = 1013\ \text{hPa} = 1\ \text{atm} \end{aligned}$$

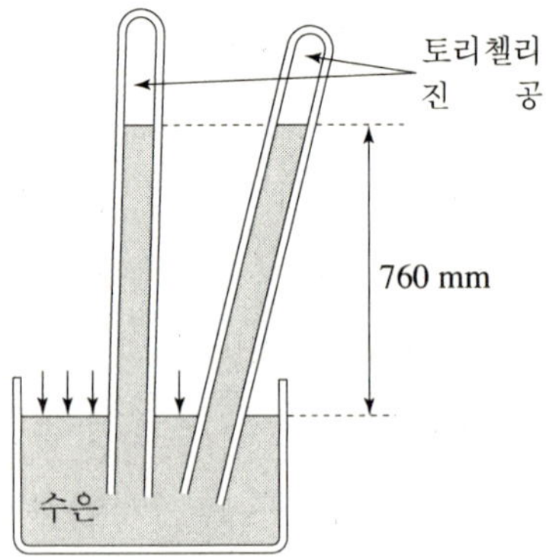

그림 28.1 토리첼리의 실험

지면에 있는 우리에게 가해지는 기압은 지표면에서 대기권의 상층부까지 분포하는 공기의 무게이다. 그런데도 우리가 공기의 무게를 느끼지 못하는 이유는 몸의 안쪽과 바깥쪽이 공기로 채워져 바깥에서 공기가 누르는 만큼 안쪽에서도 같은 힘으로 밀어 균형을 이루기 때문이다. 자동차 여행을 할 때 높은 산에 오르거나 비행기를 타고 이륙을 하면 귀가 멍멍해지는 경험을 한다. 이것은 고막 안의 기압은 그대로 있는데 바깥쪽의 공기의 압력이 낮아져 양쪽의 기압의 차이가 생겨서 일어나는 현상이다.

위로 올라갈수록 그 높이의 변화만큼 공기의 양이 적어져 기압이 낮아지는데 실험에 의하면 인간이 기계장치의 도움 없이 올라갈 수 있는 최대 높이가 12,000 m라고 한다. 이 높이가 되면 몸 속의 대기 압력이 대기압보다 무려 8배 정도나 커지게 되므로 공기가 많더라도 압력 차이 때문에 인간의 폐가 공기를 들여마시는 것이 불가능해진다. 실제로는 8,000 m급의 높은 산에 오를 수 있는 사람조차도 극히 드물다.

그런데 토르첼리의 실험에서 유리관 속 수은이 내려간 부분은 무엇이 있을까? 일반적으로 용기 안의 공기를 배기시켜서 공기의 압력이 대기압보다 낮은 상태를 진공이라 하는데 수은이 밀려 내려간 유리관은

그림 28.2 해발고도 8,611 m인 K2 봉.

공기가 없는 낮은 진공 상태이다. 용기 안의 진공도는 남아 있는 기체에 의한 압력으로 표시하고 단위는 [mmHg]로 나타내는데 1 mmHg는 토르첼리의 이름을 따서 1 Torr라고 한다. 그런데 용기 안의 공기의 압력이 0인 경우는 어떤 상태일까?

해수면상의 기압은 1 atm이고 760 mmHg, 즉 760 Torr인데 이것을 진공도 0이라 한다. 대체적으로 진공도가 0인 경우에는 1 cm^3 안에 10^{19} 개의 기체분자가 존재한다. 이러한 상태에서 진공 펌프를 이용하여 용기 안의 공기를 배출시켜 목적에 맞는 진공도를 유지하며 필요한 작업을 한다. 더 높은 진공도를 얻기 위해서는 근본적으로 사용하는 펌프가 다르며 과학적으로 얻고자 하는 궁극적인 진공도는 우주공간의 진공도이다. 우주공간의 진공도는 기체분자수가 200 m^3당 1개 정도인 10^{-13}~10^{-16} Torr나 된다. 이러한 우주 공간에 우주복을 입지 않거나 찢어진 우주복을 입고 우주선 밖으로 나간다면 어떤 일이 일어날까?

진공 상태는 반도체 제조공정, 핵융합장치, 진공도금, 고에너지 입자가속기, 재료 개발, 우주 개발 등에 대단히 중요한 기술이다. 예를 들어 반도체 제조를 하는 작업환경에 기체분자가 많이 존재하면 기체분자가 기판 표면에 덮여 반도체의 특성이 변하며, 높은 에너지 입자가 고속으로 움직이는 환경에 기체분자가 존재하면 입자가 원하는 운동을 하기 어렵게 된다. 따라서 펌프를 사용하여 용기 속의 공기를 빼내게 되는데 각 목적에 따르는 펌프의 종류는 무려 30여 가지나 된다. 표 28.1은 진공도에 따른 작업 및 사용하는 진공펌프를 정리한 것이다.

진공의 물리적 의미에 대하여 조금 더 살펴보자. 우리는 용기 안에 공기가 없어져 대기압보다 공기압이 낮을 때를 진공이라 하는데 영국의 디랙(Dirac)은 공기가 없는 상태가 진공이라고 하는 개념을 변화시켰다. 디랙은 이 자연에 전자가 존재할 수 있으려면 음의 에너지를 가진 전자들이 공간을 빽빽하게 채우고 있어야 한다고 예측하였다. 물속에 공기 방울이 있을 때 '물이 결핍된 상태'라는 것과 '물방울이 존재하는 상태'

표 28.1 진공도에 따른 작업 및 적용 펌프

진공영역	진공도 범위	적용 펌프	적용 작업
저진공	760 ~ 1 Torr	로타리펌프	진공포장, 인쇄기자동급지
중진공	$1 \sim 10^{-6}$ Torr	확산펌프	진공건조, 진공열처리
고진공	$10^{-6} \sim 10^{-7}$ Torr	흡착펌프	진공코팅, 이온주입, 진공용접
초고진공	$10^{-7} \sim 10^{-10}$ Torr	터보분자펌프	전자현미경, 표면연구
극고진공	10^{-10} Torr 이하	이온펌프	입자가속, 우주실험

라는 개념에는 어떠한 차이가 있을까? 우리 입장에서는 물속에서 발생된 공기방울은 물이 결핍된 상태로 이해되지만 물고기는 공기방울이 존재하는 상태이다. 물고기의 입장에서 보면 물이 꽉 차 있을 때가 진공이고 물방울 하나를 물 밖으로 꺼냈다면 물속에 없었던 공기방울이 생겨난 것이다. 이와 같이 진공은 비어 있는 것이 아니라 무엇인가가 꽉 차 있는 개념이라고 예측한 것이다.

결국 진공, 즉 비어 있음을 설명하는 데 두 가지 종류가 있다는 것이다. 고전역학이라는 영역에서는 비어 있기 때문에 없다고 하는 것이고 양자역학의 영역에서는 가득 차 있어서 비어 있는 것으로 본다는 것이다. 입자와 반입자는 만나면 바로 소멸하는 특징을 가지고 있는데 진공은 아직 태어나지 않은 입자-반입자의 바다인 것이다. 그래서 우리가 아는 우주공간은 입자와 반입자가 생성 소멸을 끊임없이 되풀이하며 요동치고 있는 공간이다. 너무 어려워졌는데 이러한 진공의 개념으로 블랙홀의 증발이나 에너지와 질량의 관계식인 $E=mc^2$을 증명하기도 한다.

그림 28.3 어항 속 금붕어에게 물방울의 의미는?

조금 쉬운 내용으로 다시 돌아가서, 아주 가벼울 것 같은 공기의 무게가 놀랄 만큼 무겁다는 것을 알았는데 물의 무게는 얼마나 되는지 살펴보기로 하자. 물의 밀도는 1,000 kg/m^3이므로 공기에 비해 무려 775배나 되므로 그 무게 또한 만만치 않다는 것을 짐작할 수 있다. 가로, 세로, 깊이가 각각 30 m, 50 m, 2 m인 풀장에 물을 가득 채웠을 때 물의 무게는 얼마나 될까?

$$\text{물의 질량} = \text{밀도} \times \text{부피}$$
$$= (1{,}000\ \mathrm{kg/m^3}) \times (3{,}000\ \mathrm{m^3}) = 3 \times 10^6\ \mathrm{kg}$$

풀장에 들어 있는 물의 무게가 3×10^7 N이나 된다. 일반적으로 기차 한 칸의 무게가 4.3×10^5 N이므로 무려 기차 70칸에 해당한다. 게다가 물이 흔들리기까지 하므로 건물에 주는 토크 또한 대단히 커진다. 그래서 건물에 풀장을 설치하려면 지하층에 설치하거나 하중을 철저히 고려한 건물을 시공하고 옥상에 설치해야 한다. 그런데 예전에 어떤 백화점은 건물을 사용하던 중 욕심 때문에 최상층에 풀장을 만들었다가 건물이 붕괴하여 많은 인명 피해를 내기도 하였다. 약간의 물리적 상식만 있었더라도 그렇게 무모한 일을 하지 않았을 것인데 안타까운 일이 었다.

질문

1 밀봉된 병조림의 병뚜껑을 딸 때 "뻑"하는 소리와 함께 병뚜껑이 위로 올라오는 이유는 무엇인가?

2 우물속의 물의 표면이 15 m인 곳에 있다면 같은 길이의 빨대로 물을 마실 수 있겠는가?

3 공기의 무게를 측정하는 방법에 대하여 설명하라.

4 50~60 m나 되는 나무 꼭대기까지 어떻게 수분이 올라갈 수 있는가?

제 29 과

영화 〈혹성탈출〉이 현실적으로 가능한가?

자연에서 일어나는 사건에는 방향성이 있다. 한 방향으로 일어난 일이 반대 방향으로도 일어나는 것을 **가역적** 반응이라 하고, 반대 방향으로는 일어나지 않거나 일어나게 하기 위해서 많은 에너지가 필요한 것을 **비가역적** 반응이라 한다. 역학에서 공부한 개념으로 설명하자면 한번 흘러간 운동을 그대로 거꾸로 재현할 수 있다면 가역이고, 그렇지 않다면 비가역이다. 일반적으로 가역적인 것은 퍼텐셜 에너지로 표시가 가능하고 비가역적인 것은 표시가 불가능하다. 예를 들어 진공 중에서 공을 던지면 역학적 에너지가 보존되므로 가역적이고, 공기가 있는 곳에서 공을 던지면 역학적 에너지가 보존되지 않고 줄어드는데, 이 역학적 에너지가 공기와의 마찰로 인해 열에너지로 변하고 이것을 다시 모아서 운동에너지나 위치에너지로 바꿀 수 없으므로 비가역적이다. 마찰이 없는 빗면에서 물체를 미끄러뜨리면 가역적이고 마찰이 있는 빗면에 물체를 미끄러뜨리면 비가역적이다.

물리학에서는 "엔트로피 증가의 법칙"이라는 것이 있다. 엔트로피라는 의미는 혼란, 무질서 등을 의미하는데 엔트로피가 감소하는 사건은 저절로 일어나지 않는다는 것이 자연을 지배하는 중요한 법칙이다. 즉, 어떤 일이 저절로 질서정연하게 만들어지지는 않는다는 것이다. 이를테면 운동장에 줄을 맞추어 세운 학생들이 시간이 지나면 저절로 줄이 흐트러지기는 하지만 흐트러진 줄이 스스로 질서정연한 상태로 돌아가지 않는 것과 같은 이치이다. 또 방 안에서 향수병을 열면 향기로운 냄새가 온 방 안에 퍼져 나가는데 그 향수의 향을 다시 원위치시키는 것은 불가능하다. 그러나 영화 테이프를 거꾸로 돌리듯이 시간을 거꾸로 돌리면 원래의 상태로 돌아가지 않겠는가? 이것이 타임머신이다. 타임머신을 조작하여 과거로 미래로 여행을 할 수 있다면 정말로 모든 일을 생각하는 대로 일어나게 하는 것이 가능할 것이다.

그림 29.1 영화 〈혹성탈출〉 중 한 장면. 핵전쟁 후 지구는 원숭이, 고릴라가 지배하게 된다.

역사적으로 보면 한 시대에 절대적 진리인 것 같았던 물리법칙도 수정되거나 폐기되는 경우가 있다. 따라서 현재의 물리학이 절대적 진리라고는 할 수 없지만 지금까지 엔트로피 증가의 법칙이 위배되는 경우는 일어나지 않았다. 그러므로 시간을 거꾸로 돌려 어떤 일이 일어났던 때로 돌아가는 것은 불가능하다. 예를 들어 식탁에 맛있게 마련된 음식을 먹으려 하는데 누군가 옆에서 타임머신을 돌려 음식의 원래 재료 상태로 돌아가는 일을 할 수 있겠는가? 결국 절대적인 시간은 한 방향으로만 진행되어야 한다는 것이다.

그렇다면 혹성탈출이라는 영화의 내용은 어떻게 설명할 수 있을까?

영화는 우주선을 타고 어느 별까지 여행을 마치고 우주인들이 지구에 와 보니 지구에서는 핵전쟁이 일어나고 수백 년이 지나 원숭이가 지배하는 세상이 되었다는 내용이다. 이 영화는 시간을 돌리거나 앞당겨 다른 시간대로 가는 것이 아니라 같은 시간을 누구는 길게 누구는 짧게 보내어 나중에는 많은 시간의 차이가 생긴다는 개념이다. 어떻게 이런 일이 가능한 것일까?

아인슈타인은 시간과 공간을 합쳐 시공간이라는 개념을 도입하였다. 우리가 어떠한 빠르기로 운동하고 있다면 시간 속을 여행하는 것인가, 아니면 공간 속을 여행하는 것인가? 공간 속의 한 점에 멈추어 있더라도 시간 속을 여행하고 있다는 것이 아인슈타인의 특수상대성 이론의 관점이다. 그러니 우리는 시간과 공간이 결합된 곳을 여행하는 것이다. 그런데 우리가 빛의 속도로 공간 속을 운동한다면 어떠한 일이 일어날까? 빛의 속도로 달리면서 빛을 보면 어떻게 보일까? 빛의 속도로 운동하는 경우에는 공간상의 운동만 있고 시간상의 운동은 없다. 빛은 시간상의 운동을 하지 않고 공간상의 운동만을 하므로 광속으로 운동하는 물체 안에서는 시간이 흐르지 않게 된다.

일상생활에서 경험하는 속도에서는 거의 나타나지 않지만 공간상의 운동은 시간상의 운동에 영향을 준다. 공간상의 운동을 하면 미래로 다가가는 비율이 어느 정도는 달라지며 이것을 **시간지연**이라고 한다. 광속에 근접하는 대단히 빠른 우주선을 타고 별나라 여행을 하면 엄청난 시간의 변화를 경험하게 된다. 이러한 시간지연과 시간여행의 현상을 받아들이려면 운동의 상대성과 특수상대성 이론의 개념을 이해해야 한다.

움직이는 자동차 안에서 운동하는 물체를 보는 것과 자동차 밖에서 정지해 있는 관측자가 보는 그 물체의 운동에는 어떤 차이가 있을까? 관측자에 대해 일정한 속도 $\boldsymbol{u}$로 진행하는 자동차 안의 승객이 보는 물체의 속도를 $\boldsymbol{v}'$이라고 하면 관측자는 그 물체의 속도를 $\boldsymbol{v} = \boldsymbol{u} + \boldsymbol{v}'$으로 본다. 즉, 100 km/h로 달려오는 자동차 앞에서 자동차가 진행하는 방향으로 공을 50 km/h로 던지면 자동차 밖에 있는 사람에게 그 공의 속도는 150 km/h가 된다. 이렇게 속도는 상대적이다. 그런데 만약 정지해 있는 자동차에서 50 km/h로 던진 물체와 100 km/h로 다가오는 자동차에서 50 km/h로 던진 물체의 빠르기가 같다면 이것을 어떻게 설명할 수 있을까?

노벨 물리학상을 탄 미국의 물리학자 마이켈슨과 몰리는 진공 중에서 빛의 속도는 관측자의 운동과 관계없이 일정하다는 것을 밝혔다. 즉, 관측자에게 접근하는 광원에서 나오는 빛의 속도와 관측자로부터 멀어지는 광원에서 나오는 빛의 속도가 같다는 것이다. 이것은 관측자가 광원을 향해 다가가거나 멀어져 가는 경우에도 같은 결과를 얻는다. 이러한 사실에 입각하여 아인슈타인은 특수상대성 이론에서 두 가지의 공리를 주장하였다.

정지해 있는 기차 안에서 커피를 따를 경우와 일정한 속도로 달리는 기차 안에서 커피를 따를 경우 우리는 두 상황을 구분할 수 없다. 기차가 정지해 있을 때 수직 위로 던져진 공을 그 자리에서 받듯이 기차의 속력에 관계없이 일정한 속도로 움직이는 기차 안에서도 수직 위로 던져진 공을 그 자리에서 받을 수 있다. 던져진 공이 올라갔다가 내려오는 동안 기차가 움직였는데도 말이다. 이것이 특수상대성 이론의 첫 번째 공리로서 “서로 등속도로 상대운동을 하는 세상에서는 모든 물리법칙

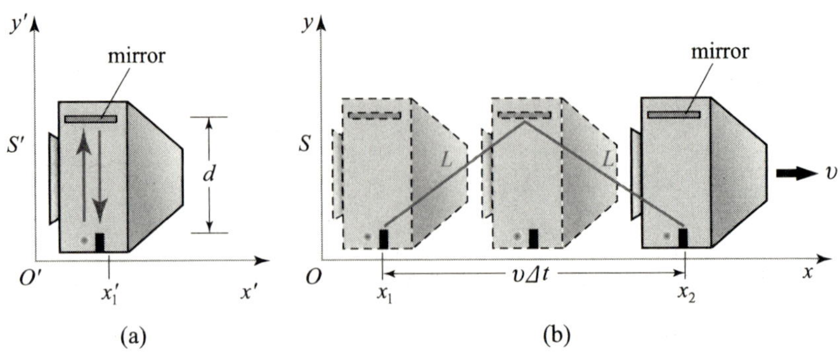

그림 29.2 하나의 사건을 입장이 다른 두 관측자가 보는 결과.

이 동등하다"는 것이다. 빛을 빛의 속도로 따라가면서 바라보면 어떻게 보일까? 관측자의 운동에 관계없이 빛의 속도가 일정하기 때문에 이 질문은 우문이다. 즉, "빛의 속도는 관측자의 운동이나 광원의 운동에 관계없이 일정하다"는 것이 특수 상대성이론의 두 번째 공리이다.

그럼 지금부터 위의 두 가지 공리를 근거로 하여 시간여행을 해보자. 그림 29.2(a)와 같이 일정한 속도로 움직이는 우주선 안에 관측자가 있다고 하자. 관측자는 우주선 바닥에서 높이 d인 천장의 거울로 섬광을 발사한다. 우주선 안의 관측자가 볼 때 섬광이 천장까지 갔다가 돌아오는 데 걸리는 시간은

$$\Delta t_0 = \frac{2d}{c}$$

가 된다. 이때 이러한 현상을 우주선 밖에 서 있는 우리가 바라보고 있다면 어떻게 보일까? 그림 29.2(b)에서 보는 바와 같이 우리는 빛이 우주선과 같이 운동하므로 빛은 이등변삼각형의 두 변을 지나는 것으로 보인다. 그림 29.2(b)에서 밖에서 보는 시간 간격은 우주선 안에서 보는 시간 간격보다 길다. 즉,

$$\Delta t = \frac{2L}{c}$$

이다. 여기에서 $2L$은 빛이 움직이는 전체 경로이다. 그림 29.2(b)의 이등변삼각형에서

$$\left(\frac{c\Delta t}{2}\right)^2 = d^2 + \left(\frac{v\Delta t}{2}\right)^2$$

이고 $\dfrac{2d}{c}$가 Δt_0이므로 위의 식은

$$(\Delta t)^2 = (\Delta t_0)^2 + \frac{v^2}{c^2}(\Delta t)^2$$

이 되므로 결국

$$\Delta t = \frac{\Delta t_0}{\sqrt{1-\frac{v^2}{c^2}}}$$

의 식을 구할 수 있다. 따라서 정지해 있는 우리가 이러한 현상을 보고 느끼는 시간과 우주선을 타고 있는 사람이 느끼는 시간에는 차이가 생기게 된다. 우주선을 타고 있는 사람의 시간이 확실히 느리게 흘러간다. 이러한 효과를 시간지연 효과라 한다. 빛의 속도 c가 3×10^8 m/s 이기 때문에 평소에는 이러한 시간지연의 효과를 느낄 수 없다. 예를 들어 음속의 10배 빠르기로 움직이는 비행기를 타고 여행하는 경우를 고려해 보면

$$v^2 = (3\times10^2\ \mathrm{m/s})^2 = 9\times10^4\ \mathrm{m^2/s^2}$$
$$c^2 = (3\times10^8\ \mathrm{m/s})^2 = 9\times10^{16}\ \mathrm{m^2/s^2}$$

이다. 이것을 위의 식에 대입해 보면

$$\gamma = \frac{1}{\sqrt{1-\frac{v^2}{c^2}}} = \frac{1}{\sqrt{1-\frac{9\times10^4}{9\times10^{16}}}} = \frac{1}{\sqrt{1-1\times10^{-12}}}$$
$$= \frac{1}{\sqrt{1-0.000000000001}} = \frac{1}{\sqrt{0.999999999999}} \cong 1$$

이 되므로 시간지연을 느낄 수 없다. 그러나 $u=0.8c$ 정도만 되어도 상황은 달라진다.

$$\gamma = \frac{1}{\sqrt{1-\frac{(0.8c)^2}{c^2}}} = \frac{1}{\sqrt{0.36}} = \frac{1}{0.6} = 1.67$$

이 되므로 지상에서의 1년은 우주선에서의 0.6년이 된다. 우주선의 속도

가 더욱 증가하여 광속에 근접하면 그 차이는 극적으로 커지게 된다. 여기에서 유명한 쌍둥이의 역리에 대해서 살펴보자.

관측자에 대해서 $\boldsymbol{v}$로 움직이는 물체의 질량은 정지상태일 때에 비해 $\dfrac{1}{\sqrt{1-\dfrac{v^2}{c^2}}}$ 배만큼 증가하고 이것을 **질량증가**라 한다. 즉, $m=\dfrac{m_0}{\sqrt{1-\dfrac{v^2}{c^2}}}$ 이다. m_0는 정지질량이고 m은 v로 움직이는 물체의 질량이다. 또 관측자에 대해서 $\boldsymbol{v}$로 움직이는 물체 안에서는 밖으로 보이는 길이가 $L=L_0\sqrt{1-\dfrac{v^2}{c^2}}$ 의 비율로 수축하는 것으로 보이며 이것을 **길이의 수축**이라고 한다. 이제 20살이 된 남녀 쌍둥이가 남자는 지구에 남아 있고 여자는 우주선을 타고 먼 별나라까지 우주여행을 하고 돌아온다고 하자. 우주선의 속도는 $v=0.8c$이고 지구와 여행의 목적지인 별까지의 거리는 20광년이라 하자. 그러면 지구에 남아 있던 남자 쌍둥이 (A)는 여자 쌍둥이 (B)와 다시 만났을 때 자기의 나이를 헤어진 후 흐른 시간이

$$\Delta t_{(A)}=\frac{20\text{광년}}{0.8c}\times 2=50\text{년}$$

이 되므로 70살이라고 할 것이다. 그러나 B의 입장에서는 A의 나이 계산법에 동의하지 않는다. B의 입장에서는 여행하는 거리의 수축이 일어나기 때문에 별까지 왕복하는 데 걸리는 시간을

$$\Delta t_{(B)}=\frac{(20\text{광년})\sqrt{1-\dfrac{(0.8c)^2}{c^2}}}{0.8c}\times 2=\frac{(20\text{광년})(0.6)}{0.8c}\times 2=30\text{년}$$

으로 계산하므로 50살이라고 할 것이다. 우주선의 속도가 더 빠르다면 그들 사이의 나이 차이는 더 벌어진다. 그래서 영화 혹성탈출과 같이 불과 몇 달의 여행을 마치고 지구로 귀환한 우주인들이 지구상에서는 500년이 넘는 시간이 흘러 핵전쟁 후 원숭이의 세상이 된 것을 접한

것이다. 만일 우주선의 속도가 광속과 같다면 어떤 일이 일어날까? 그런 경우에는 근호 안의 값이 0이 되므로 우주선 안에서는 시간이 멈추어 있게 되는데 절대 시간은 흐르기 때문에 그런 일은 일어날 수 없다. 이 상황에서는 우주선의 질량이 무한대의 값을 가지며 우주선 밖의 거리도 0이 되므로 절대 불가한 일이다. 또한 우주선의 속도가 광속보다 빠르면 우주선 안에서의 시간이 허수가 되므로 우주선은 광속이나 광속보다 빠른 속도를 가질 수 없다.

이와 같이 우리 과학은 물체의 상대운동에 따라 일정한 시간을 늘려 나이를 덜 먹는 것은 허용하지만, 타임머신과 같이 시간의 앞뒤로 여행하는 것은 아직 불가능하다. 원인이 없는 결과는 없기 때문에 과거로 돌아가 전쟁 중에 우연히 나의 조상 중 어느 분을 그 분이 후손을 얻기 전에 죽였다면 현재의 내가 존재할 수 없으므로 과거로의 여행은 불가능한 것이다. 또 미래로 나아가 어떤 일이 일어나도록 한 다음 현재로 와서 일이 그 방향으로 진행하도록 할 수도 없다. 사실 타임머신이 있는 세상은 아무도 정상적인 삶을 살 수 없다.

질문

1 만일 빛의 속력이 3×10^{3} m/s라면 일상생활에서 어떤 일이 일어날 수 있겠는가?

2 타임머신이 가능하다면 어떤 일을 하고 싶은가?

제 30 과

아! 여기에도 물리가?

(1) 휴대용 가스버너를 사용할 때 가스통 안에 있는 가스 전체에 불이 옮겨 붙지 않는 이유는 무엇일까?

연료가스와 산소가 혼합된 가스는 360°C 정도 이상의 온도에 노출되어야 불이 붙는다. 가스통 안의 연료가 노즐을 통해 계속 분출되는 이유는 가스통 안의 압력이 대기압보다 크므로 통 안으로 공기는 들어갈 수 없고 가스만 연속적으로 분출되는 것이다. 그러므로 점화되어 타고 있는 불길이 가스통 안으로는 들어갈 수 없다. 가스통 안의 연료는 액체 상태이고 사용 중에 계속 기화하면서 분출되기 때문에 연료가 다 소모될 때까지 가스통 내의 압력은 일정하게 유지된다. 그러나 휴대용 가스버너를 사용할 때 바람을 막으려고 버너 주변에 바람막이를 둘러치거나 여러 개의 버너를 바로 옆에 붙여 놓고 동시에 사용하면 폭발할 위험성이 있다. 가스통이 가열되어 가스통 내부의 가스가 기준치 이상으로 기화하기 때문에 압력이 증가하여 폭발하는 것이다.

(2) 생일 케이크의 촛불을 끌 때 입으로 바람을 '훅' 불어 끈다. 타고 있는 촛불의 증기에 더 많은 산소가 공급되면 더 잘 타야 하는데 오히려 꺼지는 이유는 무엇일까? 석탄이나 나무를 태울 때 공기를 불어넣으면 더 높은 온도가 되면서 잘 타는 것과는 어떤 차이가 있을까?

뉴턴의 법칙 중에 **냉각법칙**이라는 것이 있는데 냉각법칙은 물체가 복사에 의해 잃어버리는 열량은 물체와 주위의 온도차에 비례한다는 것이다. 즉, 뜨거운 물체가 주위와의 온도차가 클수록 그 물체는 더 빨리 냉각된다. 따라서 촛불에 입바람을 '훅' 불면 촛불 주위의 뜨거운 공기를 밀어내고 차가운 공기를 공급하는 것이므로 촛농의 발화점보다 낮은 온도가 되어 촛불이 꺼지게 된다. 또 하나 다른 이유는 물체가 타는 것은 물체 그 자체가 아니고 열에 의해 물체에서 발생되는 증기가 타는 것이다. 촛불을 불면 촛농의 증기가 구형에서 모양이 흩어져 표면적이 증가한다. 표면적이 클수록 잘 식기 때문에 뜨거운 죽을 식힐 때 그릇보다는 접시에 담으면 빨리 식는 것과 마찬가지로 촛농의 냉각 효과가 커진다. 그러나 석탄이나 나무 등이 탈 때는 주변의 온도가 촛불에 비해서 아주 높기 때문에 불어넣는 바람이 오히려 뜨거운 산소를 공급하는 효과가 생겨 더 잘 타오르게 된다.

뉴턴의 냉각법칙에 관련된 문제를 한 가지 생각해 보자. 뜨거운 커피를 마시기 좋은 알맞은 온도로 빨리 식혀서 마시려고 한다. 먼저 커피에

그림 30.1 따뜻한 한 잔의 커피가 주는 여유

차가운 연유를 넣고 잘 저어서 1분 정도를 기다렸다가 마시는 것과 커피를 그대로 1분을 놓아두었다가 먹기 전에 차가운 연유를 부어 즉시 마시는 것 중 어느 것이 좋을까? 별로 차이가 없을 것 같지만 냉각법칙에 따르면 냉각률은 커피와 주변의 공기 온도와의 차이가 클수록 커진다. 실험에 의하면 후자가 20% 정도 빨리 식는 것으로 밝혀졌다.

(3) 자전거를 타보면 정지해 있는 자전거 위에서는 균형을 잡기가 대단히 어려워 쓰러지는데 자전거가 굴러가면 쓰러지지 않는다. 이것은 동전을 바닥에 세워 놓기는 어려워도 굴리면 쓰러지지 않는 것과 같다. 왜 그런 것일까?

정지한 동전이나 자전거가 잘 쓰러지는 이유는 바닥이 좁기 때문인데, 바닥이 좁으면 약간만 기울어져도 동전의 무게중심이 동전의 밑바닥을 벗어나 바깥으로 나가기 때문이다. 앞에서 우리는 각운동량 보존법칙이라는 것에 대하여 공부하였다. 동전이 굴러갈 때는 동전이 회전운동을 하는 것이므로 이 각운동의 각속도는 속력이 유지되는 범위 안에서는 변하지 않는다. 따라서 동전이 굴러가면 회전관성은 회전축이 일정한 방향을 향하도록 하기 때문에 회전관성은 동전을 안정하게 유지시키는 역할을 한다.

그림 30.2 외발자전거는 굴러가지 않으면 쉽게 쓰러진다.

(4) 수건을 들어서 한쪽 끝을 물에 담그면 물이 수건의 위쪽으로 올라와 나중에는 수건이 젖게 된다. 이러한 물의 움직임은 중력과는 반대 방향으로 움직이는 것인데 어떻게 이런 일이 가능한 것일까?

연잎에 떨어진 물방울은 둥그렇게 방울지는데 이런 모양을 가지는 것은 **표면장력**(surface tension)이라고 하는 액체 표면의 성질 때문이다. 그림 30.3을 보면 물통 안의 A점에 있는 물분자는 가까이 있는 다른 분자들로부터 힘을 받는데 A점이 받는 알짜힘은 0이 된다. 그 이유는 A점에 있는 분자를 다른 분자들이 완전히 둘러싸고 있으며, 모든 방향에서의 힘이 같기 때문이다. 그러나 물의 표면인 B점에 있는 물분자는 위쪽으로는 다른 물분자가 없어서 물 내부 쪽으로 끌리는 힘을 받는다. 이때 B점의 물분자는 수축하게 된다. 따라서 모든 표면 분자에 작용하는 힘은 액체 표면을 수축시키는 방향으로만 작용하게 되므로 액체의 표면적을 되도록 작게 만든다. 이러한 현상을 표면장력이라 한다.

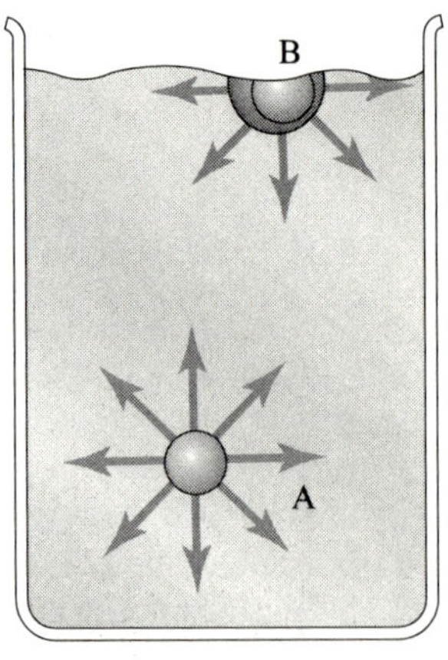

그림 30.3 A점의 물분자에 작용하는 알짜힘은 0이고, B점의 물분자에 작용하는 힘은 0이 아니다.

사람이나 큰 동물들은 표면장력의 영향이 그다지 크게 작용하지 않지만 곤충과 같은 작은 동물들에게는 치명적이다. 사람은 샤워를 하고 나면 몸에 묻어 있는 물기가 약 0.5 kg이 되는데 이 정도는 사람의 움직임에 영향을 주지 못한다. 그러나 물에 젖은 파리는 자기 무게의 몇 배나 되는 물을 가지고 있기 때문에 쉽게 날아오르지 못한다. 물에 빠진 파리는 다시 날아오르기가 불가능하여 결국 익사한다. 표면장력은 표면적과 부피의 비로도 정의되기 때문에 작은 곤충의 경우 동물에 비해 자신의 부피보다 표면적이 대단히 커서 그 영향에서 자유롭지 못한 것이다.

바늘을 물 표면에 가만히 올려놓으면 바늘이 물에 뜨는 것을 볼 수 있다. 바늘을 물 위에 놓으면 물 표면이 아래로 움푹 들어가고 물 표면은 마치 장력을 받는 막처럼 휘어진다. 바늘의 무게는 물의 표면을 들어가게 하고 물 표면에 작용하는 표면장력은 물을 원래의 방향으로 되돌리려고 한다(그림 30.4). 이 두 힘이 균형을 이루면 바늘이 물 위에 뜨게 되는 것이다. 소금쟁이가 물 위에 떠 있는 현상을 표면장력을 적용해 효과적으로 설명할 수 있다.

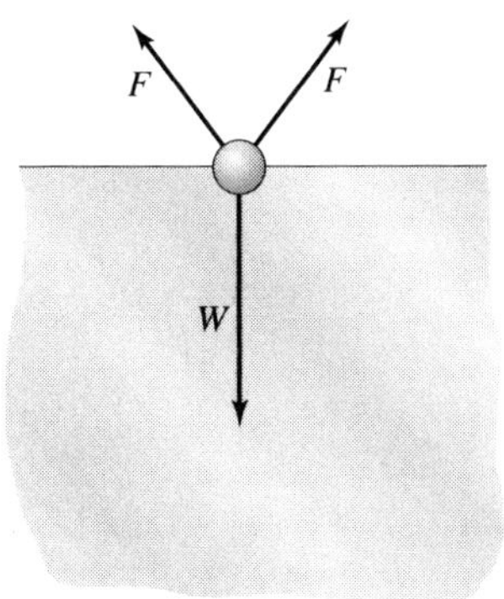

그림 30.4 물 표면에 놓여 있는 바늘에 작용하는 힘

유리 용기에 담긴 물의 표면은 용기 벽 근처에서 용기 중심 부분에서보다는 위쪽으로 올라가는 현상이 나타난다(그림 30.5). 같은 분자들 간에 작용하는 힘을 **응집력**이라 하고 다른 분자들 간에 작용하는 힘을 **접착력**이라고 한다. 물분자와 유리 분자 사이의 접착력이 물분자 사이

의 응집력보다 크기 때문에 나타나는 현상이다. 유리 용기 안에 수은을 넣으면 용기 쪽의 수은이 용기 중심부에 비해 아래쪽으로 내려가는데 이것은 응집력이 부착력보다 크기 때문이다. 그림 30.5에서 각 ϕ는 고체 표면과 액체의 경계면에서의 액체 표면의 접선이 이루는 각으로 **접촉각**이라고 한다. ϕ가 90°보다 작으면 접착력이 응집력보다 큰 경우이고, 90°보다 크면 접착력이 응집력보다 작은 경우이다.

지름이 10^{-2} cm 정도로 아주 가는 관을 모세관이라 한다. 모세관을 액체에 담그면 접착력이 응집력보다 크게 작용하기 때문에 액체는 관을 따라서 올라간다. 따라서 모세관에서 상승되는 액체의 양은 아주 적기 때문에 액체에 작용하는 중력보다는 접착력이 크게 작용하므로 액체가 모세관을 따라 위로 올라가며 중력과 상승력이 균형을 이룰 때까지 계속된다. 이러한 현상의 부정적 측면은 건물 벽의 모세관을 통해 물기가 스며들어 건물의 벽을 열화시키는 것이다. 이것을 막기 위해서 건물을 방수제로 코팅한다. 긍정적인 측면은 종이수건으로 엎질러진 액체를 빨아올리는 경우가 있다.

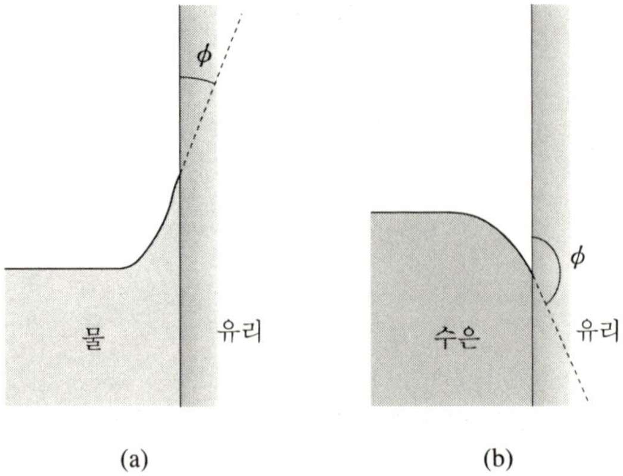

그림 30.5 고체 표면과 접촉하는 액체.
(a) 응집력<부착력, (b) 응집력>부착력

(5) 근래에 인터넷을 통한 투시안경 판매소동이 있었다. 가끔씩 나타나 관음증이 있는 사람들을 유혹하는 쓰기만 해도 옷 안의 속살이 보이는 안경이 과연 가능한 것일까?

사람의 눈으로 볼 수 있는 빛은 400~750 nm의 파장 영역인 전자기파인 가시광선이다. 400 nm보다 작은 파장의 빛은 자외선이라 하고, 750 nm에서 830 nm 파장의 빛은 적외선이라 한다. 우리가 낮에 카메라로 사진을 찍거나 망원경을 통해 사물을 볼 때 가시광선으로 물체를 식별하는 것이다. 그런데 깜깜한 밤중에는 가시광선을 볼 수 없으므로 적외선을 영상화하는 장치를 이용하여 사물을 식별한다. 이러한 장비를 Night Vision이라 한다. 그런데 낮에 카메라나 망원경의 렌즈 앞에 가시광선 차단 필터를 끼우면 옷에서 반사되는 가시광선이 차단되어 아무 영상도 나타나지 않게 된다. 그러나 옷을 지나 피부에서 반사되는 적외선은 카메라에 도달하게 되므로 이 적외선을 영상화하는 장비만 있으면 옷 속을 볼 수 있게 된다. 이 적외선 감광센서는 흑백으로 명암을 구별할 수 있으므로 어렴풋한 영상을 얻을 수가 있는 것이다. 또 옛날 흑백영화에 색을 입혀 컬러영화로 볼 수 있게 하듯이 흑백영상을 컬러로 바꾸는 것도 가능하다. 그런데 이 모든 과정이 에너지 없이는 이루어지지 않으므로 그냥 안경만 가지고는 옷 속을 투시하는 안경이 현재의 기술로는 불가능하다. 그리고 옷 속이나 들여다보기 위해서 이러한 노력을 하다니 지식을 너무 낭비하는 것 아닌가? 미국의 공항에서는 9.11테러사건 이후에 보안을 강화하는 목적으로 X레이 투시검사를 한다고 한다.

그림 30.6 중국산 선글라스형 투시안경?

가방 속의 물건이 그대로 투시되고 옷까지도 전부 투시되어 인권 침해의 논란이 있기도 하였다.

(6) 비행기는 보통 10,000 m 정도의 높이에서 운항한다. 이때 기압은 사람이 주로 활동하는 1기압보다 낮아지게 되고 또 기온도 매우 낮아진다. 그렇다면 하늘을 날고 있는 비행기는 냉방을 하기 위해 비용이 별로 들지 않을까?

실내에 있는 공기를 순환시키면서 냉방을 하면 공기 중에 포함되어 있는 박테리아가 기내에서 순환하기 때문에 신종 플루와 같은 전염병이 쉽게 퍼질 수 있다. 그래서 비행기는 운항 중에 외부의 신선한 공기를 유입하여 냉방을 하게 되는데 여기에 연료의 상당 부분을 사용한다.

10,000 m 정도의 고공에서 공기를 흡입하면 그 높이에서 대기압은 비행기 실내의 공기압보다 낮기 때문에 먼저 적정한 1기압으로 압축한다. 이 과정을 단열압축이라 하는데, 이때 에너지를 소비해야 하고, 또 단열압축을 하면 내부에너지가 상승하여 공기의 온도는 정상적인 실내의 온도보다 상당히 높아져 냉각을 위하여 또다시 에너지를 소비해야 한다.

그림 30.7 비행기는 압력, 온도, 습도 등 쾌적한 실내 공기 유지를 위해 냉난방 시 많은 비용을 지불한다.

(7) 날아가는 양궁의 화살을 느린 화면으로 재생한 것을 보면 똑바로 가지 않고 허리를 비틀면서 꽈배기처럼 날아가는데 그 이유는 무엇일까?

화살의 화살대는 탄성이 강한 알루미늄 합금이나 흑연 강철로 만드는데 화살의 무게중심은 화살촉으로부터 전체 길이의 약 ⅓ 되는 지점이다. 이 무게중심을 기준으로 하여 화살의 앞뒤 부분이 휘청거리며 날아가는데 이것을 **패러독스 현상**(Archer's paradox)이라고 한다. 이 현상이 일어나는 이유는 다음과 같다. 화살을 쏘기 위해 활줄을 당긴 후 활줄이 손가락을 빠져나갈 때 손가락의 끝부분을 타고 나가면서 활줄이 직선이 아닌 대각선 방향으로 흩어지는 현상이 발생한다. 이렇게 직선 방향이 아닌 대각선 방향으로 추진력을 화살이 몸통으로 받게 되므로 똑바로 날아가지 못하고 휘청거리게 되는 것이다. 그냥 두면 원하는 방향인 과녁으로 가지 않으므로 깃을 달게 된다. 무게중심이 앞쪽에 있으므로 뒷부분이 더 많이 휘청거리기 때문에 뒷부분에 의도적으로 깃을 다는 것이다. 이 깃 때문에 화살이 회전을 하게 되고 화살의 회전 효과에 의해 직선운동을 한다. 화살에 깃을 부착할 때 정확한 각을 벗어나게 되면 회전력은 좋아지지만 양력이 생겨 화살이 위로 뜨는 현상이 발생한다. 그래서 깃을 타원으로 구부려 약간 비스듬하게 하여 정밀히

그림 30.8 활시위를 떠난 화살의 패러독스 현상

계산된 각으로 붙여주어 날아가는 동안 공기 저항을 받아 생기는 회전을 일정하게 유지시켜 비행의 안전성을 높인다. 이러한 회전 효과를 **자이로**(gyro) **효과**라고 한다. 자이로 효과는 총을 만들 때 총구 안쪽으로 강선이라고 하는 가느다란 홈을 파서 총알이 총구를 지나면서 회전하도록 하여 총구를 빠져나온 총알의 직진성을 좋게 하는 데에도 적용된다.

(8) 전자레인지는 음식에 직접 열을 가하지 않는데 어떤 원리로 음식을 가열시키는 것일까?

전자레인지의 작동원리는 열을 이용하는 가스레인지, 전기밥솥, 커피포트 등 다른 가전제품의 작동원리와는 확연히 다르다. 음식물에 직접 열을 가하지 않는데도 음식을 뜨겁게 데워 먹을 수 있다. 전자레인지는 어떠한 원리로 음식을 데우는 것일까?

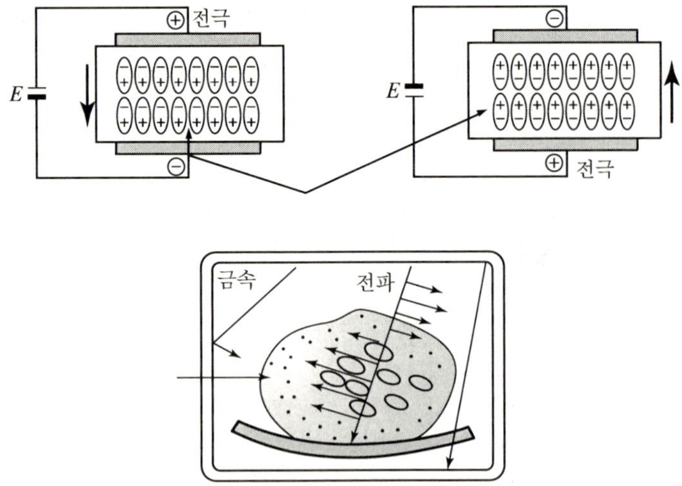

그림 30.9 마그네트론에서 발생된 전자파에 의해 전자레인지 안의 음식이 가열된다.

전자레인지를 영어로 microwave oven이라고 하는데 여기서 micro가 바로 전자레인지의 비밀이다. **마이크로파**는 우리가 눈으로 볼 수 있는

가시광선보다 파장이 훨씬 긴 수 cm의 파장 영역에 속하는 라디오파를 말한다. 보통의 음식물에 포함되어 있는 수분, 즉 물 분자는 마이크로파의 에너지를 잘 흡수한다. 물 분자는 극성을 띠고 있으며 전기쌍극자의 형태를 취하고 있다. 마이크로파를 발생시키는 장치인 마그네트론은 전압의 극성을 대단히 빠르게 변화시켜 음식물에 쪼여지는 전기장의 방향을 아주 빠르게(고주파) 바꾼다. 음식물에 직접 마이크로파를 쪼이면 흡수된 마이크로파 에너지가 물 분자의 회전운동을 격렬하게 증가시켜 물 분자 사이의 마찰열을 증가시켜서 음식물 자체를 뜨겁게 하는 것이다. 결과적으로 음식물 내의 수분만을 선택적으로 가열시키기 때문에 비타민과 같은 열에 취약한 영양소 파괴를 최소화시키면서 음식물을 데울 수 있다. 그러나 오랜 시간 마이크로파를 쪼이면 뜨겁게 가열된 물 분자의 에너지가 확산되어 음식물 전체가 뜨거워지고 담은 그릇까지도 뜨거워진다. 마이크로파는 유리, 도자기, 플라스틱 등에는 흡수되지 않고 통과하며 알루미늄 등과 같은 금속에는 흡수되기 때문에 마이크로파 발생장치인 마그네트론에 과부하가 걸려 전자레인지가 파손된다.

전자레인지를 작동시키는 도중에 마이크로파가 밖으로 빠져 나온다면 어떤 일이 일어날까? 전자레인지 가까이에 서 있는 사람이나 동물의 인체 내 수분이 가열되므로 대단히 심각한 문제가 발생하며 목숨까지도 위태롭게 한다. 그러나 마이크로파의 파장이 수 cm 정도이므로 전자레인지 전면부에 직경 1 cm 이하의 금속망을 설치해 놓으면 다행스럽게도 마이크로파는 밖으로 빠져나오지 못한다. 또한 마이크로파의 특성을 이용하여 물질의 분자구조를 정확하게 파악하기도 한다. 분자의 회전운동은 분자를 구성하는 원자의 특성, 즉 원자의 질량, 결합 길이, 결합 각도 등에 의존한다. 그러므로 분자마다 흡수하는 파장이 다르기 때문에 발생시킨 마이크로파 중에서 흡수된 마이크로파의 파장을 조사하여 분자구조를 파악하는 것이다.

(9) 수세식 변기의 비밀

중세시대에는 분뇨를 길거리에 아무렇게나 버려 냄새는 물론 전염병이 아주 심각하였다. 이 문제를 로마인들은 변을 시냇물에 흘려보내는 방식으로 해결하였는데 복잡한 도시에서는 생활공간 주변에 일일이 화장실을 설치할 수 없는 등의 여러 가지 문제가 있었다. 1600년경 영국의 해링턴(John Harington)이 수세식 변기를 발명하여 집 안으로 화장실을 끌어들였는데, 냄새가 역류하는 심각한 문제가 있었다. 그 후 영국의 알렉산더 커밍이 냄새가 올라오지 않는 구조를 고안하여 오늘날에 이르게 되었다.

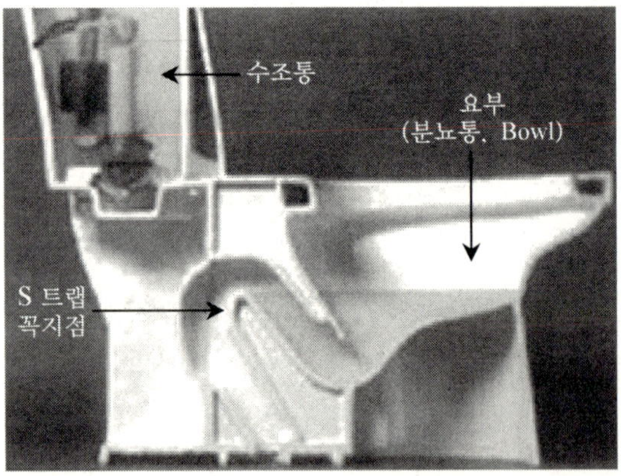

그림 30.10 수세식 변기의 단면도. S 트랩과 사이펀의 원리가 핵심이다.

변기뿐 아니라 세면기나 싱크대에도 냄새의 역류를 막기 위하여 S자나 U자 형태의 트랩을 이용한다. 아래에서 올라오는 냄새는 그림 30.10을 보면 저장된 물로 효과적으로 차단된다. 그런데 그림 30.10에서 오른쪽 부분에 있는 분뇨와 물이 어떤 원리로 아래로 쏟아져 나가는 것일까? 여기에는 사이펀의 원리가 숨어 있다.

그림 30.11에서 보면 물통 A에 들어 있는 물이 물통 B로 흘러가는 것이 **사이펀의 원리**이다. 물통 A와 B는 $h_2 - h_1$만큼의 대기압의 차가 존재하는데 수압의 차가 이보다 크게 되면 물은 자연스럽게 이동한다.

물이 B쪽으로 흐르게 되면 연결된 관 속에는 일시적으로 진공상태가 만들어진다. 진공은 대기압이나 수압보다 낮으므로 계속적으로 A의 물이 이것을 채우게 되고 이것이 반복하여 연속적으로 일어나기 때문에 A의 물이 모두 B로 흘러가는 것이다.

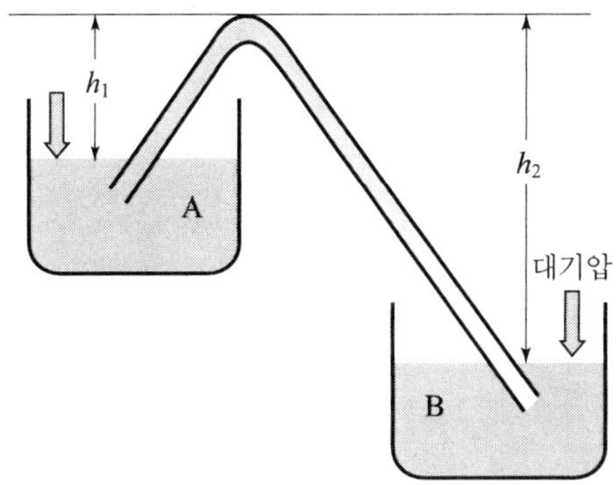

그림 30.11 사이펀의 원리

변기 속의 물과 함께 내용물이 관 속에 생긴 진공 속으로 빠르게 빨려 내려간 후 물탱크의 물이 다시 변기를 채운다. 물탱크에 물이 다시 차오르는 현상도 앞에서 공부하였던 지렛대의 원리가 숨어 있다. 물을 내리는 밸브를 누르면 지렛대의 원리에 의해 물탱크 바닥에 있는 구멍의 고무마개가 위로 올려진다. 이때 물탱크의 물은 중력과 수압에 의해 변기로 내려온다. 물탱크가 비어 있기 때문에 수도에 연결된 급수관의 압력이 높아 다시 물탱크를 채운다.

참고문헌

1. 대학물리학, Serway & Faughn, 청문각, 2008
2. 알기쉬운 물리학 강의, Paul G. Hewitt, 청범출판사, 1998
3. 한화택, 설비공학회 논문집, 36권, 제2호, 2007
4. KISTI, 과학의 향기
5. 과학인명사전, 계몽사, 1995
6. Wikipedra 백과사전

인물 소개

갈릴레이(Galileo Galilei, 1564~1642) 이탈리아의 철학자, 천문학자, 물리학자. 근대 과학의 아버지로 불린다. 피사에서 태어났으며 1583년 피사 대학에서 의학을 공부하던 중 성당에 걸려 있는 샹들리에가 흔들리는 것을 보고 '진자의 등시성 원리'를 발견하여 맥박계에 응용하였다. 1585년 피사 대학을 중퇴하고 피렌체로 가서 응용수학을 공부하며 연구한 논문이 인정을 받아 1589년 피사 대학의 강사가 되었다. 피사 대학과 파두바 대학에서 학생들을 가르치면서 ≪운동에 관하여≫를 집필하였고 '물체의 낙하 속도는 무게에 비례한다'는 아리스토텔레스 법칙의 잘못을 밝혀냈다. 1609년에는 망원경을 만들어 천체를 연구하고 태양의 흑점, 4개의 목성의 위성을 발견하였다. 그 당시에는 지구를 중심으로 하늘이 돈다는 천동설을 믿고 있었는데 1632년에 펴낸 ≪천문대화≫에서 지구가 태양의 둘레를 돈다는 지동설을 주장하여 종교계와 대립하였다. 이로 인해 1633년 종교 재판을 받았으며 지동설 주장을 버릴 것을 서약하고 풀려나면서 '그래도 지구는 움직인다'라는 유명한 말을 남겼다. 그 후 피렌체 근교에서 유배생활을 하며 여생을 보냈는데 저서 ≪황금 측량자≫에서 지동설을 고집하였고, 1638년 ≪신과의 대화≫에서 관성의 법칙을 설명하였다.

길버트(William Gilbert, 1544~1603) 영국의 의사, 물리학자. 자기학의 아버지라 불린다. 콜체스터에서 태어나 케임브리지 대학에서 의학을 공부하고 런던에서 개업을 하였으며, 엘리자베스 1세의 주치의가 되었

다. 1600년에 출판한 ≪자석에 관하여≫라는 책에서 자기 및 지자기의 현상을 체계적으로 다루었고, 지구가 하나의 커다란 자석임을 발견하고 자철광이 남쪽과 북쪽을 향하는 이유를 밝혔다. 이것으로 자침의 인력과 척력 현상을 생기체적으로 설명함으로써 가열하면 자력이 강해진다는 속설을 부정하였다. 전기에 처음으로 일렉트릭이라는 명칭을 붙였고 전기현상에 관한 전반적인 이론을 기술하여 훗날 케플러와 데카르트 등에게 많은 영향을 끼쳤다.

뉴턴(Sir Isaac Newton, 1642～1727) 영국의 물리학자, 수학자, 천문학자. 잉글랜드 동부의 링컨 주 울즈소프에서 태어났으며 역학의 체계를 확립하여 근대 과학의 아버지로 불린다. 1665년 케임브리지 대학을 졸업할 무렵 페스트가 유행하자 고향으로 돌아가 만유인력의 법칙, 빛의 스펙트럼 분석, 미적분 등 3대 대발견으로 불리는 학문의 기초를 완성하였다. 사과의 일화로 유명한 만유인력의 원리로부터 '이론 역학'을 완성하여 근대 과학에 있어서 대단히 중요한 업적을 남겼으며, 반사식 망원경도 발명하였다. 뉴턴이 이룩한 물리 체계 중에서 가장 뛰어난 것은 물체의 운동을 설명한 역학이다. 1687년 운동의 법칙(관성의 법칙, 속도·가속도의 법칙, 작용·반작용의 법칙)을 명확히 정식화하여 뉴턴 역학을 체계화한, 과학사에서 손꼽히는 저서 ≪프린키피아(자연철학의 수학적 제원리)≫를 완성하였다.

수학 연구는 광학 연구와 거의 같은 시기에 시작되었다. 1665년 무한소의 개념에 기초하여 미분법을 발견하고 유율법(流率法)의 개념을 확립했다. 1669년 ≪무한급수의 방정식에 의한 해석에 관하여≫를, 1671년에는 ≪유율법과 무한급수≫를 저술했다. 1705년 이후, 베를린 과학아카데미 초대 회장 라이프니츠와 왕립협회 회장이었던 뉴턴 사이에 미적분법에 관한 우선권 논쟁이 있었지만, 1716년 라이프니츠의 죽음으로 이 논쟁은 끝이 났다. 뉴턴은 케임브리지 학생시절에 데카르트의 ≪철학원리≫를 비롯해 여러 수학자들의 논문집으로 수학을 공부했으며, 이항정리의 연구에서 무한급수의 연구로 나아가 유율법을 착상했다.

도플러(Johann Doppler, 1803~1858) 오스트리아의 수학자, 물리학자. 잘츠부르크에서 태어나 1823년부터 10년간 빈의 공업연구소에서 조수로 일했다. 1841년 프라하 국립공업대학 교수, 1847년 니츠 공업대학 교수를 거쳐 1850년 빈의 물리학연구소 소장 겸 빈 대학의 물리학 교수를 역임하였다. 음향 현상과 광학 현상을 연구하여 관측자와 진동원과의 상대운동에 의해 진동수가 변하는 것을 발견하고 '도플러 효과'를 설명하였다. 도플러 효과는 <이중성의 다색광과 그 밖의 천체 및 몇 개의 다색광에 대하여>라는 논문에 소개되었는데 이것은 음향 현상이 얼마 후 발로트에 의해 실험으로 확인되었고, 빛에 대해서도 항성의 스펙트럼선이 어긋남을 통하여 확인됨으로써 천체물리학 발전에 크게 기여하였다. 그 밖에 수차, 항성, 색채론에 관한 연구를 하였고 망원경과 광학거리계의 개량 등의 업적이 있다.

드렉슬러(Eric Drexler, 1955~) 미국의 공학 기술자. Foresight Institute 의장이며 미래 신생의 기술들과 그 결과들에 관여하는 연구자이자 저자로, 캘리포니아 오클랜드에서 태어나 1970년대와 1980년대에 걸쳐 분자의 미소공학(MNT, Micro Nanotechnology)의 잠재성을 대중화한 것으로 잘 알려져 있다. 어려서부터 어머니가 읽어 주는 과학소설 덕분에 첨단 과학기술에 대해 남다른 관심을 가지며 자랐고, 1970년대 초에 대학 도서관에서 유전공학에 관한 서적을 보고 원자를 조작하여 기계를 만들 수 있다는 생각을 하게 된 이후 이러한 생각을 계속 발전시켰다. 그 결과 이 생각은 복제 능력을 갖춘 세포보다 작은 로봇이 원자와 분자를 연결하여 빵이나 로봇을 만들 수 있을 것이라는 데까지 이르렀다.

1980년 '나노기술'이라는 말을 처음으로 사용하면서, 본격적인 나노기술에 관한 논문 <분자 엔지니어링>을 발표했지만 당시 사람들의 반응은 차가웠다. 하지만 그 후에도 나노기술에 대한 연구를 계속하여, 1986년 일반인들이 알기 쉽게 쓴 ≪창조의 엔진-다가오는 나노테크놀로지 시대≫라는 책을 출간하였다. 이 책에서 그는 나노기술이 산업혁

명, 항생제, 핵무기를 모두 합친 것보다 더 커다란 변화를 가져올 것이라고 주장하였다. 현재 연구되는 나노기술의 방향을 제시한 이 책은 나노기술을 다시 보게 하는 커다란 계기가 되었다. 그가 당시 다른 과학자들의 비난을 무릅쓰고 나노기술의 중요성을 전파하는 데 노력을 아끼지 않은 덕분에 나노기술의 세계는 이제 반드시 실현시켜야 하는 목표가 되었으며, 현재 수많은 학자들이 이에 동참하고 있다.

디랙(Paul Adrien Maurice Dirac, 1902~1984) 영국의 이론물리학자. 1933년 노벨 물리학상을 받았다. 브리스틀에서 태어나 브리스틀 대학에서 전기공학을 공부하고 케임브리지 대학에서 파울러에게 통계역학을 배웠으며, 보어의 지도로 양자론을 연구하였다. 주요 업적은 양자역학과 전자스핀에 대한 연구로, 이는 양자역학에 아인슈타인의 상대성이론을 적용하여 원자법칙을 명확한 수학적 언어로 나타낸 것이다. 4개의 연립미분방정식을 만족하는 4개의 파동함수로서 전자를 설명하여 전자가 자신의 축을 중심으로 회전한다는 것과 음의 에너지 상태가 존재해야 한다는 결론을 얻었다. '디랙방정식'이라는 상대론적 파동방정식을 세워 상대론적 양자역학을 개척했다. 그가 존재를 예상했던 양전자와 양음 전자쌍의 생성과 소멸은 후에 실험으로 증명되었다. 이 연구로 슈뢰딩거와 함께 노벨 물리학상을 받았다. 또한 소립자의 집합이 나타내는 통계적 성질을 발견한 '페르미-디랙 통계'는 널리 알려져 있다.

라부아지에(Antoine Laurent Lavoisier, 1743~1794) 프랑스의 물리학자, 화학자, 생리학자. 근대 화학의 창시자로 불린다. 파리에서 태어나 파리 대학에서 법률을 공부하였으나 화학에 더 많은 관심을 가졌던 그의 화학적 연구의 핵심은 새로운 연소이론의 확립이었다. 당시의 과학자들은 물질이 공기, 물, 불, 흙으로 되어 있고 이들 물질 속에는 불에 타는 플리지스톤이라는 원소가 들어 있어 물질이 불에 탈 때 이 원소가 없어진다고 생각하였다. 그는 물을 끓일 때마다 물을 담은 유리그릇의 무게가 줄어들지만 줄어든 무게와 바닥에 남는 물질의 무게가 같다는 사실을 들어 플리지스톤을 부정하였다. 1772년에는 밀폐기 속에서 황과 인을 태워 재가 되어도 무게가 달라지지 않는다는 사실을 알아내고 유명한 '질량 불변의 법칙(질량 보존의 법칙)'을 밝혔다. 그는 산소의 발견자는 아니지만 모든 산의 근원이 산소라는 것을 증명하였고 산소는 더 이상 쪼갤 수 없는 원소라는 것을 밝혀 원소의 정의를 내렸다. 1787년에 출간한 ≪화학명명법≫에서 화합물을 다시 명명하고 분류하였다. 1789년 프랑스 혁명이 일어나자 파리 자치시의 대의원이 되었고 1791년에는 징세 청부인이 되었다. 그러나 이것으로 인해 공포정치 시대에 단두대에서 처형되고 말았다. 수학자인 라그랑주는 "그 머리를 베어버리는 일은 일순간이면 되지만 같은 두뇌를 만들려면 100년도 더 걸릴 것"이라고 애통해하였다.

레이놀즈(Osborne Reynolds, 1842~1912) 영국의 공학자. 수역학과 유체역학의 연구에 지대한 공헌을 한 현대 유체역학의 아버지로, 1842년 벨파스트에서 성직자의 아들로 태어났다. 1868년 26살의 나이로 맨체스터 최초의 공학 교수가 되었고 37년간 같은 대학에 재직하면서 기체와 액체의 혼합물이 지닌 성질, 수력기계의 공동현상, 동적응력, 열역학과 열전달 등 물리학과 공학 분야에서 연구하였다. 파이프 속을 흐르는 유체 난류의 한계를 규정하는 '레이놀즈 수'와 유체운동의 상사법칙의 발견(1883년)은 유명하다. 1887년 Royal Society 회원이 되었고 11년 후에 Royal Medal을 받았다.

레일리(John William Strutt Rayleigh, 1842~1919) 영국의 물리학자. 에식스 주에서 태어나 케임브리지 대학에서 공부했다. 1866년에 트리니티 대학의 특별연구원, 1873년 레일리 경이 되고 왕립협회의 회원이 되었다. 1879년 맥스웰의 뒤를 이어 동 대학 캐번디시 연구소의 교수가 되었으나 재직 5년 만에 퇴직하였다. 1897년 틴들에 이어 영국 과학연구소의 물리학 교수가 되었다. 음향학, 탄성파에 관한 연구, 전기단위의 정밀측정, 색채의 연구, 수역학, 복사 등 여러 분야에서 연구 업적을 올렸다. 또한 공동복사에 있어서 복사에너지를 산출하는 공식을 진스와 함께 고안하여 '레일리-진스의 법칙'을 세웠다. 그리고 기체밀도 측정 실험에서 1894년 램지와 함께 아르곤을 발견했다. 1904년 노벨 물리학상을 받았으며 만년에 국립물리학연구소 소장, 케임브리지 대학 명예총장 등을 역임하였다. 저서로는 ≪음향이론(Theory of Sound)≫이 있다.

마이스너(Fritz Walther Meissner, 1882~1974) 독일의 과학자. 초전도체를 자석 위에 올려놓았을 때 초전도체가 자석 위에서 뜨는 현상을 발견하고 '마이스너 효과(Meissner effect)'라 명명하였다(로베르트 오센펠트와 함께 1933년 전도성 금속의 실험을 통해 발견). 금속으로 된 구를 약한 자기장 안에 놓고 초전도 상태로 만들면 구 내부의 자기력선속 밀도가 0이 되고, 이때 외부의 자기장을 제거하면 구 내외의 자성이 완전히 사라지는 완전 반자성(외부자장이 초전도체 내로 침투하는 것을 반대하는 성질) 상태가 된다. 영구자석의 자장이 초전도체를 뚫고 지나가지 못하기 때문에 자력에 의해 초전도체가 밀려나서 초전도체가 자석 위 허공에 뜨게 되는 현상이다. 실험을 통해 이 두 사람은 초전도체에서 단순히 저항이 없어지는 것뿐 아니라 내부의 자기장을 밖으로 내보내는 현상(자기 반발 효과)도 있음을 발견하였다. 마이스너 효과는 외부에서 가해진 자기장을 상쇄시키기 위한 전류(차폐전류)가 초전도체에 흘러서 외부의 자석과 반대되는 자극을 만듦으로써 나타나는데, 자기장을 밀어내는 자기부상 효과를 이용하여 자기부상 열차나 초전도 베어링 등을 제작할 수 있다.

마이컬슨(Albert Abraham Michelson, 1852~1931) 독일 태생의 미국 물리학자. 1907년 미국인으로는 처음으로 과학 부문의 노벨상을 받았다. 베를린 유학 중에 광속의 정밀 측정에 관심을 갖기 시작하여 일생의 대부분을 광속을 측정하는 데 보냈다. 1881년 광 간섭계를 제작하였으며, 1887년 에드워드 몰리와 함께 에테르에 대한 지구의 상대속도를 측정하는 '마이컬슨-몰리 실험'을 하였다. 이 실험에서 에테르에 대한 지구의 절대적 속도를 측정하는 것이 불가능하다는 것을 밝혀 호이겐스가 주장한 에테르가 존재하지 않음을 입증하였고, 빛은 전파될 때 매질이 필요 없는 전자기파라는 것을 밝혔다.

맥스웰(James Clerk Maxwell, 1831~1879) 영국의 물리학자. 에든버러에서 태어났으며 1841년 에든버러 아카데미에 입학, 이때부터 아버지를 따라 에든버러의 학예협회와 왕립협회의 회합에 참석하면서 과학에 흥미를 갖게 되었다. 1847년 에든버러 대학에 입학해 1850년에는 케임브리지 대학으로 옮겼고, 1854년 수학 최종우등시험에서 차석으로 졸업하여 펠로(특별연구원)로서 트리니티 칼리지에 남아 수역학과 광학의 강의를 담당했다. 1856년에는 애버딘 대학의 물리학 교수가 되었고, 1860년 런던 킹스 칼리지로 전임하여 노동자와 직인들을 위한 야간수업도 담당하였으며, 1865년에 대학을 떠날 때까지 연구와 교육에 몰두하였다. 이 동안 맥스웰은 학생 스스로가 배우는 교육으로서 실험을 주체로 한 강의를 진행하였다. 1871년 케임브리지 대학의 실험물리학 교수로 초빙되고, 뒤에 실험물리학의 세계적 중심이 된 캐번디시 연구소의 설립을 지도하여 1874년 초대 소장에 취임했다. 1845년 에든버러 학예협회에서의 헤이의 강연에서 2차곡선에 흥미를 갖게 되어, 같은 해 15세 나이로 <달걀꼴 곡선의 특질과 다초점 곡선에 대하여>라는 논문을 발표해 주목을 받았다. 1846년에는 니콜의 편광프리즘의 공개실험을 보고 광학연구를 시작하였다. 학창시절에 편광이 고체의 내부 응력을 결정하는 데 쓰이는 것을 확인하고 그때 발생하는 특유한 색채를 연구하였으며, 팽이 등을 만들어 색채의 지각과 광학이론의 연구를 하였다.

케임브리지 시절에는 전자기학의 연구도 시작했다. 앙페르와 베버 등의 전기역학에서 원격작용론이 갖추어지지 못했음을 인정하고 전자기현상을 통일적으로 파악하려는 '패러데이의 연구'에 주목하여 근접작용의 입장에서 연구를 하였다. 1856년 <패러데이의 역선에 관하여>를 발표하고 '정전기와 동전기의 관계나 전기력과 유도의 관계를 받아들이지 않으면 전자기학은 성립되지 않는다'고 지적하였다. 1861~1862년에 걸쳐 <물리학적 역선에 대하여>를 발표하고, 1864년에는 '전자기장의 동역학적 이론'으로 유명한 맥스웰의 기본방정식을 이끌어내었다. 1873년 이 연구를 집대성한 ≪전기자기론≫을 저술하여 전자기파가 존재하며 그 전파 속도는 빛의 속도와 같다는 것을 보였다. 그의 연구 방법은 극히 역학적인 토대에 입각한 것으로 그 전자기장 개념은 물리적 실재가 아닌 매질의 특수한 역학적 상태가 되는 등 한계도 있었다. 1856년 토성 고리의 구조를 연구하여 1857년에 애덤스 상을 수상했다. 여기에서 고리는 미소입자로 구성되었다고 하여 그 안정성을 논하였는데, 이것은 뒤에 기체분자운동론의 연구로 이어져 1857년 기체분자의 속도분포함수를 이끌어 내었다. 더욱이 점성계수가 밀도에 의존하지 않는 것을 이끌어 내었으며, 평균자유행로의 개념을 도입하였고 1879년에는 앙상블 개념을 도입하여 '기브스의 통계역학'의 기초를 세웠다.

몰리(Edward Williams Morley, 1838~1923) 미국의 화학자, 물리학자. 뉴저지 주에서 태어났으며, 앨버트 마이컬슨과 '마이컬슨-몰리 실험'을 한 것으로 유명하다. 그는 1864년에 앤드버 신학교를 졸업하였으나 진로를 바꾸어 화학을 공부하였다. 1869년부터 1906년까지 Western Reserve College(오늘날 Case Western Reserve University로 합쳐짐)의 자연철학 및 화학 교수가 되었으며 그의 가장 기억될 만한 업적은 1887년 앨버트 마이컬슨과 함께 마이컬슨-몰리 실험을 한 것이다. 몰리는 대기 중 산소의 함유량에 대한 연구를 하고 물의 원소인 수소와 산소의 중량비를 정밀하게 측정하였는데 이것은 표준값으로 널리 사용되었다. 또 열에 의한 기체의 열팽창, 자기장 안에서의 빛의 속도 등에 대하여 연구하였다.

무어(Stanford Moore, 1913~1982) 미국의 생화학자. 시카고에서 태어나 반더빌트 대학을 졸업하고 위스콘신 대학에서 유기화학 연구로 학위를 받았다. 1950년부터 브뤼셀과 케임브리지 대학에 유학하였고 1952년 록펠러 의과대학 생화학 교수가 되었다. 동료 교수 스타인과 함께 리보

핵산 가수분해효소 분자 내의 아미노산 배열을 규명하였으며 아미노산 자동분석계를 만들어 단백질을 구성하는 아미노산 20종류를 짧은 시간 안에 자동 측정할 수 있게 하였다. 이와 같은 연구 업적으로 1972년 안핀센, 스타인과 공동으로 노벨 화학상을 받았다.

미첼(John Michell, 1724~1793) 영국의 지질학자, 천문학자. 노팅엄주에서 태어나 1760년 영국 왕립학회 회원이 되었고, 케임브리지 대학 지질학 교수를 거쳐 1767년에는 선힐 대학의 학장이 되었다. 1755년 리스본에서 지진이 발생하자 지진의 근원이 대서양 해저에 있음을 밝히고 <지진 현상의 관찰과 원인 추측>이라는 논문을 발표하였다. 이 논문에서 리스본 지진의 원인은 바닷물이 지하의 열과 접촉하여 생긴 고압의 증기라고 제시하였다. 또한 그는 처음으로 지구와 항성 간의 거리를 실제로 측정하고 쌍성은 물리적으로 밀접한 연관이 있으며 서로 그 주변을 공전한다고 주장하였다.

반데르발스(Johannes Diderik van der Waals, 1837~1923) 네덜란드의 물리학자. 라이덴에서 태어났으며 1910년 상태방정식에 관한 업적으로 노벨 물리학상을 받았다. 1873년 <기체와 액체의 연속성에 관하여>로 라이덴 대학에서 박사학위를 받고 1877년부터 1907년까지 암스테르담 대학 물리학 교수를 지냈다. 그는 논문에서 분자의 크기와 분자 간의 인력을 관계식으로 정리하여 실제 기체의 상태방정식을 '반데르발스의 상태방정식'으로 정립하여 설명하였다. 물질의 상태변화, 모세관 현상 등 주로 물리화학적 현상에 관한 열역학 및 분자론 연구에 일생을 바쳤다.

베르누이(Daniel Bernoulli, 1700~1782) 스위스의 물리학자. 요한 베르누이(수학자)의 아들이며 페테르부르크 대학 교수를 거쳐 1733년부터 바젤 대학의 식물학, 해부학, 물리학 교수를 지냈다. 주로 확률론을 연구하였으며 해석학적으로 검토하고 응용하여 많은 업적을 쌓았다. 오르간 파이프의 공기 진동, 탄성현, 탄성곡선 연구를 비롯하여 강체운동에 있어서의 병진과 회전운동 분리의 중요성 지적 등의 물리학적 업적이 있다. 1783년에 쓴 유명한 저서 ≪유체역학≫에서 '베르누이 정리'를 논술하여 공식화하였다. 여기에서 유체의 흐름과 압력의 관계를 설명하였으며, 열의 본성에 관한 연구를 통하여 '열이 분자의 운동에서 기인된다'는 기체분자운동론의 선구자가 되었다.

보어(Niels Henrik David Bohr, 1885~1962) 덴마크의 이론물리학자. 1922년 노벨 물리학상을 받았다. 코펜하겐에서 태어나 코펜하겐 대학에서 물리학을 공부하고 런던에서 톰슨과 함께 러더퍼드 연구실에서 연구하였다. 그곳에서 러더퍼드의 원자 모형에 관심을 갖고 연구를 진행하여 <원자 구조의 양자론>을 발표하였다. 여기에서 양자의 개념을 처음으로 복사 이외의 경우에도 적용하여 원자의 구조와 스펙트럼의 관계를 밝혀냈다. 이 이론을 계기로 양자론의 연구가 활발히 진행되었으며 훗날 양자역학의 토대가 되었다. 1921년에는 '원자구조론'으로 주기율표를 설명하였고, 우라늄의 핵분열에 대한 이론 연구로 제1회 원자력 평화상을 받기도 하였다.

슈뢰딩거(Erwin Schrödinger, 1887~1961) 오스트리아의 이론물리학자. 파동역학 이론을 확립하였다. 1906년 빈 대학에 입학하여 물리학을 전공하면서 후일 그의 업적의 기초가 되는 연속체의 고유값 문제를 연구하였다. 1921년부터 1927년 사이에 업적의 대부분이 이루어졌는데, 헬름홀츠 등의 영향으로 고체의 비열과 열역학 연구에서 스펙트럼 연구로 전환하여 색의 생리학적 연구에 열중하였다. 1923년에 드브로이가 '물질은 이중성을 가지며 어떤 상황에서는 파동처럼 움직인다'는 파동설을 발표하였는데 슈뢰딩거는 이 파동설에서 힌트를 얻어 새로운 원자구조론을 세웠다. 1925년과 1926년에 최대 업적인 파동역학의 기본 방정식인 '파동방정식'을 유추해냈다. 기존의 연구와는 전혀 다른 각도로 양자역학에 접근하는 원자이론을 발견한 공로로 1933년 디랙과 함께 노벨 물리학상을 받았다.

슈트라스만(Fritz Strassmann, 1902~1980) 독일의 물리학자, 핵화학자. 보파르트에서 태어나 하노버의 공업대학을 졸업한 뒤 1929년부터 베를린의 카이저빌헬름 연구소 화학부에서 방사능에 대한 연구를 시작하였다. 한, 마이트너 등과 공동연구하여, β 방사성 원소 우라늄-239, 프로트악티늄-233 등을 발견하였다. 1938년 슈트라스만과 한은 우라늄을 중성자로 조사(照射)했을 때의 생성물 중에 방사성 바륨이 있음을 발견하고 '지금까지의 핵물리학의 경험과 모두 상반된다'고 보고하였다. 이 결과는 즉시 마이트너 등에 의해 '핵분열'로 설명되었고, 중성자의 연쇄반응에 의한 원자력의 실용화 가능성을 부여하게 되었다. 제2차 세계대전 중 카이저빌헬름 연구소가 파괴된 후에도 핵분열에 대한 연구는 계속되었고 전쟁이 끝난 뒤에는 마인츠에서 연구를 하였다. 1946년 마인츠 대학 무기화학 교수가 되어 무기화학·핵화학연구소(현재 핵화학연구소)에서 근무하였다.

스넬(Willebrord van Roijen Snell, 1591~1626) 네덜란드의 천문학자, 수학자, 물리학자. 레이덴에서 태어나 1613년에 아버지의 뒤를 이어서 레이덴 대학 수학 교수가 되었다. 1620년 빛의 굴절법칙인 '스넬의 법칙'을 실험적으로 발견하였지만, 논문으로 공표하지는 않았다. 그러나 후에 데카르트가 이론적으로 굴절의 법칙을 논한 것이 기회가 되어 세상에 알려지게 되었다. 또한 1617년에 펴낸 ≪바타비아의 에라토스테네스≫에서 지구 위의 두 점의 거리 측정에 삼각 측량을 처음으로 적용한 것으로도 알려져 있다.

아르키메데스(Archimedes, B. C. 287~B. C. 212) 고대 그리스의 과학자, 수학자, 기술자. 시칠리아의 섬 시라쿠사에서 태어나 한때 알렉산드리아에 유학하였으나, 다시 시라쿠사에 돌아와 연고가 있는 시라쿠사 왕 히에론 2세와 그의 아들 겔론의 도움으로 연구에 전념했다. 당시는 지중해의 패권을 둘러싸고 로마와 카르타고 사이에 포에니전쟁이 한창인 때로 시라쿠사는 카르타고를 지지하고 있었다. 아르키메데스도 제2차

포에니전쟁(B. C. 218~B. C. 201)에서는 시라쿠사를 위해 각종 무기를 개발하였다. 그의 저작으로는 수학·물리학 분야의 것이 10여 편 남아 있는데, 그 중 몇몇은 재미있는 에피소드와 연관되어 있다. 어느 날 그는 '나에게 어딘가에(지구 밖의) 발붙일 곳과 충분한 길이의 막대를 준다면 지구를 움직여 보이겠다'고 호언하였다. 그리고 그 증거로 그는 해안에 정박해 있던 돛대가 셋인 군함을 복합도르래를 써서 혼자 힘으로 해안으로 끌어올려 보였다. 이것은 그가 '지레의 원리'에 정통해 있었기 때문이며 이에 대한 설명은 그의 저서 ≪평면판의 평형≫에 기록되어 있다. 또 히에론 왕이 세공인에게 순금을 주어 왕관을 만들게 했는데, 그 왕관에 금 대신 은이 일부 섞여 있다는 고발이 있었다. 이 문제의 해결을 의뢰받은 아르키메데스는 어느 날 더운 물로 가득 채운 욕조에 들어갔다가, 욕조에 들어간 자기 몸과 같은 부피의 물이 넘쳐흐르고 동시에 몸무게도 가볍게 느껴지는 것을 발견하고는 "알았다, 알아냈어! (Heureka, Heureka!)" 하고 외치며 기쁨에 겨워 알몸인 채 거리로 달려 나갔다고 한다. 그는 왕관과 같은 무게의 순금과 순은, 그리고 금과 은을 섞었다는 왕관을 물을 채운 똑같은 용기에 각각 넣어 넘쳐 나온 물의 양으로 왕관이 순금이 아님을 밝혀냈다. 이것이 '액체 속에 있는 물체는 그것이 밀어낸 액체 양의 무게만큼 가벼워진다'라는 '아르키메데스의 원리'로 그의 저서 ≪부체(浮體)≫ 제1권에 설명되어 있다.

또 그는 큰 수를 나타내기 위해 '우주(아리스타르코스의 우주)에 모래알을 가득 채우면 그 모래알의 수가 얼마나 되는가'를 계산해냈는데, 현대식으로 표현하자면 그 수는 10^{63}보다 작다고 하며 그 큰 수의 표기법을 ≪모래알을 세는 문제≫에서 기술하고 있다. 이 밖에 '아르키메데스의 나선'을 발견하고, 원주율 π, 즉 원주와 지름과의 비율에 대하여 '원주는 그 지름의 $3\frac{1}{7}$배보다 작고 $3\frac{10}{71}$배보다 크다'고 산출하였다. 또한 구분구적법에 의하여 도형의 넓이, 부피 등을 계산하는 등 고대 실용과학의 최고의 학자이다.

아리스토텔레스(Aristoteles, B. C. 384~B. C. 322)

고대 그리스 최고의 철학자. 모든 학문의 아버지로 불린다. 칼키디케 반도의 스타게이로스에서 태어나 17세에 플라톤의 학원 '아카데미'에 들어가 20년 동안 연구하였다. 41세 때 알렉산더 대왕을 가르쳤고 아테네에서는 리케이온에 학교를 세워 많은 제자들을 키웠다. 지금 남아 있는 대부분의 저작은 이 시기의 강의 내용이다. 그는 천체의 운동을 연구하여 달과 태양 그리고 모든 별은 지구의 둘레를 돈다는 '지구 중심설'을 주장하였고, 우주의 근본이 흙, 물, 불, 공기라고 생각하기도 하였다. 또 물체에는 뜨거움, 차가움, 마름, 젖음 등 4가지 성질이 있다고도 하였다. 플라톤의 철학사상을 이어받았으나 경험을 중시하였고 윤리학, 시학, 정치학, 심리학, 예술학, 생물학 등 여러 학문의 기초를 세워 후세에 큰 영향을 미쳤다. 저서로는 ≪에우데모스≫, ≪시학≫, ≪오르가논≫ 등이 있다.

아인슈타인(Albert Einstein, 1879~1955) 독일 태생의 미국 물리학자. 상대성이론의 창시자이자 20세기 최고의 물리학자이다. 독일 울름에서 유대인의 아들로 태어나 스위스 취리히 공과대학을 마쳤다. 과학과 수학에 뛰어난 재능을 보였던 그는 1905년 광양자설, 브라운 운동, 특수상대성이론에 관한 논문을 발표하였다. 특수상대성이론은 당시까지 지배적이었던 갈릴레이나 뉴턴의 역학을 송두리째 흔들었다. 그 중에서도 놀라운 것은 '질량과 에너지의 등시성에 관한 이론'으로 이것은 오늘날 원자폭탄의 가능성을 예언한 것이기도 하다. 이러한 업적으로 프라하 대학과 베를린 대학의 교수를 지냈다.

특수상대성이론을 완성한 후 이것을 관성계뿐만 아니라 임의로 가속도 운동을 하는 계로까지 일반화하여 1916년에 일반상대성이론을 완성하였다. 1922년 이론물리학의 여러 연구와 '광전효과의 법칙'으로 노벨 물리학상을 받았다. 그 후 그의 관심은 전자기장과 중력장의 통일과 이것에 따른 입자의 운동에 집중되었고 이 연구를 생애를 마칠 때까지 계속하였다. 1933년 독일 나치정권을 피해 미국으로 망명해 프린스턴

연구소의 교수가 되었다. 제2차 세계대전 때 독일이 원자폭탄을 제조할 것을 염려하여 루스벨트 대통령에게 원자폭탄 제조를 건의하였고 이것이 맨해튼계획의 계기가 되었다. 그러나 종전 후 원자폭탄 개발경쟁이 가속화되자 전쟁에 따른 인류 멸망의 위기를 호소하였으며 이것을 막고자 노력하였다.

앙페르(André Marie Ampére, 1775~1836) 프랑스의 물리학자, 수학자. 리옹에서 태어나 1809년 파리 공과대학의 교수가 되었고 프랑스 과학아카데미 회원을 지냈다. 염소와 요오드의 단체성을 발견할 정도로 화학에도 관심을 가졌으나 전기역학에 관한 업적으로 더 유명하다. 1820년 외르스테드가 전류의 자기작용을 발견한 것에 자극을 받아 전류의 자기에 관한 실험을 하여 전류가 흐르는 도선 사이에 작용하는 힘을 발견하였고 이것을 수학적으로 설명하여 전류와 자기에 관한 '앙페르의 법칙'을 확립하였다. 또 자석 내부에서는 전류가 작은 원형 회로를 흐르고 있다고 하는 '분자 전류설'을 세웠다. 이 가설은 후에 베버의 전자이론의 기초가 되었다. 특히 최초로 전기측정법을 개발하여 전류측정장치를 만들었고 이것이 개량되어 검류계의 시초가 되었다. 전류의 실용단위인 암페어[A]는 그의 이름에서 따온 것이다.

오네스(Heike Kámerlingh Onnes, 1853~1926) 네덜란드의 물리학자. 그로닝겐에서 태어나 1882년에 레이덴 대학 교수가 되었고, 1894년에는 이 대학의 부속 저온연구소(현재의 카머링오네스 연구소)의 소장이 되었다. 그는 듀어가 1898년에 수소가스의 액화에 성공한 것을 이어받아 1908년 헬륨가스의 액화에 처음으로 성공했으며, 동시에 액체헬륨의 끓는점이 4.2K이라는 것을 확인했다. 이어서 1911년에는 수은, 1912년에는 납의 초전도를 발견하여 세계의 저온물리학의 개척자 역할을 했다. 저온물리학 분야를 개척한 업적으로 1913년 노벨 물리학상을 수상했다. 당시 저온물리학에 걸었던 많은 기대인 초전도자석 실용화 등은 오늘날에 이르러 이루어지고 있다.

옴(Georg Simon Ohm, 1787~1854) 독일의 물리학자. 에를랑겐에서 태어나 1805년 에를랑겐 대학을 중퇴하고 스위스로 가서 수학 교사가 되었으나 1811년 복학하여 학위를 받고 모교의 강사가 되었다. 1813년부터 바이에른 주 실업학교 수학 교사, 1817년 쾰른의 고등학교 물리교사가 되어 프랑스의 수리물리학을 독학하며 실험장치를 갖추어 놓고 1820년 이후 전자기 실험 연구에 들어갔다.

1825년 전류(갈바니전기)의 세기가 도선의 길이에 따라 감소하는 함수를 구한 논문을 발표하였는데, 이 논문은 실험데이터로부터 수학적 법칙을 귀납법적으로 도출한 전형적 논문이었다. 1826년 전류에 대한 포괄적 법칙으로 유명한 '옴의 법칙'(전류 = 전위차 / 저항)을 도출한 2개의 논문을 발표했다. 같은 해 베를린으로 가서 대학의 자리를 구하려 했으나 뜻을 이루지 못하고 사관학교에서 수학을 가르치며 연구를 계속했다. 1827년에 저서 ≪갈바니전류의 수학적 연구≫를 발표하고 그때까지의 실험과 고찰을 푸리에의 열전도론과의 유비(類比)로서 연역적 수학이론으로 제시했다. 즉 전류는 전위차에 비례하고 도선에서의 손실은 전압·시간·길이에 비례하여 접촉물체는 일정한 전압차를 가진다는 기본법칙을 도출해냈다. 이러한 그의 연구는 페흐너 등 소수의 과학자들에게만 받아들여졌는데, 그 이유는 함수관계를 도출하는 실험이나 연역적 수학이론이 당시의 독일 학자들에게 이해되지 못했기 때문이다.

1833년 뉘른베르크 공과대학 물리학 교수가 되었고 1839년에는 학장이 되었다. 여기서 음향학 연구를 하여, 1843년 소리가 배음과 기본음으로 분석될 수 있음을 밝혔다. 1841년 영국 왕립협회로부터 코플리 메달을 수여받고 그 협회 회원으로 선출되었다. 이러한 업적을 크게 인정받아 베를린 바이에른 과학아카데미 회원으로 선출되었으며, 1849년 뮌헨 대학의 물리학 교수가 되었다.

외르스테드(Hans Christian Oersted, 1777~1851) 덴마크의 물리학자, 화학자. 랑란드 섬에서 태어났으며 1797년 코펜하겐 대학 약학과를 졸업하였다. 1801년 볼타의 전지 발명에 자극받아 유럽 각지에서 유학하

다 1804년 귀국하여 1806년부터 코펜하겐 대학에서 강의를 했으며, 1817년 정교수가 되었다. 대학시절부터 칸트철학에 심취하여 칸트철학을 보급하기 위한 잡지 편집에 참여하였으며, 학위도 '자연철학에 대한 칸트철학의 의의'를 논한 논문으로 취득하였다. 또한 자연의 다양한 변화를 힘이라는 개념을 도입하여 통일적으로 파악하려 한 칸트철학의 일면은 셸링으로 대표되는 독일 자연철학으로 계승되었는데, 외르스테드는 셸링의 자연철학에 심취해 있던 화학자 리터와 빈테를의 사변적 성격이 짙은 연구 업적을 높이 평가하였다. 그러나 유학 뒤 코펜하겐으로 돌아왔을 무렵 실험과 관찰의 중요성도 인식하게 되어, 1812년까지 리터와 빈테를의 학설을 포기했으나 자연계의 여러 가지 힘 사이에 통일성이 있다는 관념에 대한 확신만은 흔들리지 않았다.

전류와 자기의 관련성을 연구하고 1819~1820년 도선을 흐르는 전류가 가까이 있는 자침을 흔들리게 하는 현상(전류의 자기작용)을 발견한 배경에는 이러한 신념이 있었던 것이다. 이 발견을 계기로 앙페르 등이 전기역학을 발전시켰다. 외르스테드는 이 밖에 기체·액체의 압축성과 반자성에 관해 연구하였으며 또 후추에서 피페린을 추출하거나, 비록 불순한 것이었지만 알루미늄을 분리하는 데도 성공하였다. 또한 과학진흥협회를 창설하고 코펜하겐에 공과대학을 설립하여 덴마크 과학연구의 수준을 높이는 데도 공헌하였다. 덴마크의 동화작가 안데르센을 여러 면으로 지원한 일도 그의 공적 중 하나이다. 자기장 세기의 단위 에르스텟[Oe]은 그의 이름을 딴 것이다.

채드윅(James Chadwick, 1891~1974) 영국의 원자물리학자. 영국의 볼링턴에서 태어났으며 중성자를 발견한 공로로 노벨 물리학상을 받았다. 맨체스터 대학과 케임브리지 대학에서 공부하였으며, 러더퍼드에게 원자물리학을 배웠다. 1913년 베를린 공업대학에서 한스 가이거와 같이 일하던 중 제1차 세계대전이 일어나 루에레벤의 수용소에 갇히게 되었다. 수용소에서도 원자핵의 구조와 성질을 연구하여 후에 양성자와 더불어 원자핵 구성요소의 하나로 가장 중요한 입자인 중성자의 존재를 증명하였다. 중성자의 발견은 원자핵론 및 소립자론에 일대 전기를 부여하는 것으로, 원자핵이 양성자와 중성자의 복합체임을 확증시켜주었으며 원자핵 반응 연구에 크게 기여하였다. 이 연구로 1932년 노벨상을 받았으며 미국의 로스앨러모스 연구소에서 원자핵 개발계획에 참여하였다. 1948년에는 케임브리지 대학 학장이 되었고 1957년 원자력위원회 위원이 되었다.

케플러(Johannes Kepler, 1571～1630) 독일의 천문학자. 뷔르템베르크의 공령인 바일에서 태어나 병약과 빈곤 속에서 어린 시절을 보내다가 18세에 성직자를 지망하여 튀빙겐 대학 신학과 장학생으로 입학하였다. 그러나 교양과정에서 메스틀린의 천문학 강의에 흥미를 가짐과 동시에 코페르니쿠스의 우주체계에 관한 이야기를 듣고 자연관에 대한 눈이 열리게 되었으며, 전문과정에서는 신플라톤주의에 흥미를 가지고 열중하였다. 그의 저서 가운데 근대적인 과학이론과 중세적인 신비사상이 섞여 있는 것은 이 영향 때문이다.

1594년 대학을 졸업한 뒤 그라츠 고등학교의 수학 교사로 부임하는 한편, 시장의 위탁으로 점성력 편수를 시도하였고, 추운 겨울과 전란 등의 세태 예언이 적중하여 호평을 받았다. 우주구조에 관한 구상 결과 1596년 최초의 저서 ≪우주의 신비≫를 간행하였다. 이것은 태양을 중심으로 한 6개의 행성(수성 · 금성 · 지구 · 화성 · 목성 · 토성)이 5개의 정다면체에 순차적으로 외접 · 내접함으로써 그 거리가 유지된다는 반사변적 설정이었다. 이 저서로 인해 브라헤 및 갈릴레이 등과 알게 되었고 루돌프 2세의 보호 아래 화성 운행에 대한 관측을 계속하고 있던 브라헤의 조수가 되어 공동연구를 하였다. 브라헤가 죽을 때 16년간에 걸친 관측 자료의 정리를 유언으로 위탁받았으며, 그 후 케플러는 1609년 ≪신천문학≫에서 '케플러의 법칙'의 제1 · 2법칙을 발표하였다. 제3법칙 '행성궤도의 긴반지름(태양～행성 간의 평균거리)의 세제곱은 공전주기의 제곱에 비례한다'는 것은 10년 동안 모든 행성의 자료를 관찰하여 얻은 결과로, 1619년의 ≪세계의 조화≫에 수록되어 있다. 그

밖에 광학에 대한 연구, 반사식 천체 망원경의 설계, 미적분을 통한 부피계산 등의 많은 업적을 남겼다.

쿨롱(Charles Augustin de Coulomb, 1736~1806) 프랑스의 토목공학자, 물리학자. 앙굴렘에서 태어났으며, 토목공학에 관한 업적을 통하여 물리학의 성과를 일구어냈다. 공병학교에서 역학이론과 공학기술을 공부한 후 1761년 공병대에 들어가 요새·운하·항만의 건설 등을 지도하였다. 프랑스령 서인도제도에서 8년 간 근무하고 귀국 후부터 교량건설기술 등과 관련해 마찰 연구를 추진하여 아몽통의 성과를 계승한 '마찰에 관한 쿨롱의 법칙'을 명백하게 하였다. 평면의 상대운동에 의한 마찰뿐만 아니라 회전의 마찰과 피보트 축받이의 마찰에 관해서도 연구하였고, 놋쇠·철 등의 가는 금속선에 추를 매달아 비틀었을 때의 복원력에 의한 진동을 이용하는 '비틀림 탄성'에 대해서도 연구하였다. 이 연구를 토대로 하여 '전기·자기에 관한 쿨롱 법칙'을 실험적으로 제시할 때 비틀림저울이 이용되었다. 같은 부호의 전하반발력(척력)으로 비틀림저울의 금속선을 비틀고 그 금속선의 복원력과 전하 사이 거리의 관계를 조사함으로써 1785년에 전하 사이의 척력이 거리의 제곱에 반비례한다는 것을 발견하였다.

그러나 서로 다른 부호의 전하(인력)인 경우에는 비틀림저울의 정역학적 균형을 이용한 이 방법으로는 효과적으로 실험할 수 없었다. 그래서 인력으로 회전운동을 일으키고 그 감쇠도(진동 지속시간)에서 인력의 크기를 구하는 동역학적 방법을 채용하여 1787년에 전기·자기의 인력·척력이 모두 거리의 제곱에 반비례함을 실험적으로 나타내는 데 성공하였다. 다만 전하·자하(磁荷)의 인력·척력이 역제곱의 법칙에 따른다는 것은 쿨롱 이전에 캐번디시도 지녔던 생각이므로 쿨롱의 독자성은 그 역제곱의 법칙을 정확한 정량적 실험으로 나타낸 점에 있다. 또한 이론적 측면에서도 전기·자기에 대하여 원격작용설을 취하여 그 무렵 프랑스에서 지배적이었던 데카르트류의 와동론과 대립하고 있었다. 그러나 그의 이러한 정량적 연구를 기초로 푸아송, 가우스, 그린 등이 퍼텐셜론이라는 수학적 이론을 발전시킨 것에서 알 수 있듯이 정량적 정전자기학 발전의 공적은 높이 평가된다.

테슬라(Nikola Tesla, 1856~1943) 크로아티아에서 태어나 미국으로 귀화한 발명가이자 전기 기술자. 그라츠 공과대학과 프라하 대학에서 수학, 물리학, 기계학 등을 공부하였다. 부다페스트와 파리에서 전기 기사로 일하였으며, 1884년 미국 뉴욕으로 건너가 에디슨과 함께 일하기도 하였으나 연구방법이 서로 달라 헤어졌다. 1887년 자신의 연구소를 세우고 회전자기장법칙을 이용한 교류유도전동기를 만들었으며, 1891~1892년 교류와 직류논쟁 속에서 교류의 안정성을 증명하기 위한 테슬라코일과 유침식 변압기 등 고주파 고전압 기술을 개발하였다. 그의 발명품으로 대규모 전력의 수송이 가능해졌고 1895년 웨스팅하우스 사가 나이아가라 폭포를 이용한 발전에 성공하였다. 그의 이름은 자속밀도[T]의 단위로 채택되었다.

토리첼리(Evangelista Torricelli, 1608~1647) 이탈리아의 물리학자, 수학자. 파엔차에서 태어났으며 파엔차의 예수회 학교에서 수학과 철학을 배운 뒤 로마로 건너가 갈릴레이와 그의 제자 카스텔리에게 사사하였다. 1638년 갈릴레이가 ≪신과학대화≫를 출판하자 토리첼리도 투사체 운동에 관한 연구를 발표하고 1641년 갈릴레이와 함께 자유낙하 및 낙하 실험에 의한 지구의 회전에 관해 연구하였다. 갈릴레이의 죽음으로 공동연구는 몇 달 만에 끝났으나 갈릴레이 계통을 이어받은 학자로서 갈릴레이의 역학을 전개하였다. 1643년 동료 비비아니와 함께 수은을 가득 채운 폐관을 수은 용기에 세워 폐관 상부에 진공(토리첼리의 진공)이 생기는 것을 발견하였고, 같은 해 유체 동역학에 관한 것으로 유속과 가압의 높이에 관한 '토리첼리의 정리'를 발견하였다. 또 망원경을 개량하고 초기 현미경을 제작하였으며, 수학자로서 특히 사이클로이드를 연구하였다. 진공공학에서 쓰이는 압력의 단위 토르[Torr]는 그의 이름에서 나왔다.

파스칼(Blaise Pascal, 1623～1662) 프랑스의 수학자, 물리학자, 철학자. 클레르몽페랑에서 태어나 12세에 유클리드 기하학의 정리 32가지를 혼자 힘으로 생각해 내고 16세에는 <원뿔곡선 시론>을 발표하여 당시의 수학자들을 놀라게 한 천재였다. 19세 때에는 부친의 세금 계산을 도우려고 계산기를 발명하였는데 이것은 최초의 디지털 계산기로 평가받고 있다. 1646년 이후에는 진공에 관한 문제를 다루어 1647년 <진공에 관한 새 실험>을 발표하였고, 1648년에는 수은 기압계를 만들어 산꼭대기에서 기압을 측정하여 대기압에 관한 실험에 성공하였으며 공기의 무게가 수은주를 정지하게 하는 유일한 원인이라는 사실을 증명하였다. 이 실험의 결과는 유체 동역학과 유체 정역학에 영향을 미쳤으며 압력에 관한 원리인 '파스칼의 원리' 발견으로 이어졌다.

1651～1654년에는 액체의 평형, 공기의 무게와 밀도, 산술 삼각형에 관한 논문을 발표하였고, 특히 산술 삼각형에서 확률 계산의 토대를 마련하였다. 이로써 '근대 확률론'이라는 수학의 새로운 분야를 창시하는 쾌거를 올렸다.

페르마(Pierre de Fermat, 1601～1665) 프랑스의 수학자, 정치가, 근대 정수론의 창시자. 툴루즈 대학에서 법학을 전공하였고 데카르트가 평면상에서의 해석기하학에 멈춘 것에 비해 그는 3차원에서의 해석기하학을 연구하였다. 뉴턴이나 라이프니츠보다 앞서 미적분 계산법의 요점을 밝히고 곡선의 접선과 극대·극소점을 구하는 방법을 만들어 미분학의 창시자로 간주되고 있다. 또 빛의 전파에 관한 '페르마의 원리'를 구했는데 이는 '최단시간의 원리'로 두 점 사이를 진행하는 빛의 경로가 두 점을 통과하는 데 걸리는 시간이 최단인 경로라는 것이다. 이 원리를 써서 빛의 직진, 반사, 굴절과 같은 광학의 여러 기초법칙을 유도하였다. 그러나 페르마를 가장 유명하게 한 것은 정수론에 관한 연구로 그 중에 $x^n + y^n = z^n$의 해를 구하는 것은 '페르마의 마지막 정리'라고 불리며 많은 수학자들이 그 증명에 도전했다.

플레밍(John Ambrose Fleming, 1849~1945) 영국의 전기공학자. 랭커스터에서 목사의 아들로 태어났다. 1870년 런던 대학 졸업 후 맥스웰의 '전자기학'에 심취하여 1877년 케임브리지 대학에 입학, 캐번디시 연구소에서 맥스웰의 지도를 받았다. 1881년부터 10년 동안 런던의 에디슨 전등회사 기술고문, 1900년부터 25년 동안 마르코니 무선전신회사 기술고문을 지내면서 영국의 전등과 전화 개척에 큰 역할을 하였다. 1885년 전류 · 자기장 · 도체운동의 3방향에 관한 '플레밍의 법칙'을 발표하여 전기기술의 기초를 쉽게 이해할 수 있도록 하였다. 이 밖에 에디슨이 발견한 열전자 방출현상에서 힌트를 얻어 무선전신 검파장치에 쓰이는 2극진공관을 발명, 1904년 특허를 받았다. 저서로 ≪무선전신 전화의 원리(1906)≫ 등이 있다.

한(Otto Hahn, 1879~1968) 독일의 방사화학자, 핵화학자. 프랑크푸르트에서 태어나 프랑크푸르트, 마르부르크, 뮌헨 대학에서 공부하였다. 1938년 슈트라스만과 함께 우라늄 원자핵의 핵분열에 관한 연구를 발표하였다. 그보다 앞서 1905~1910년에는 방사성 물질인 토륨과 악티늄의 자연 붕괴에 관한 연구를 하여, 이는 후에 여러 가지 방사성 동위원소 발견의 계기가 되었다. 1908년 오스트리아의 리제 마이트너와 함께 방사성 물질인 프로트악티늄을 발견하였다. 1928년 괴팅겐의 카이저빌헬름 화학연구소 소장이 되었으며, 1944년 우라늄 원자핵의 핵분열을 발견한 공로로 노벨 화학상을 받았다.

헨리(Joseph Henry, 1797~1878) 미국의 물리학자. 뉴욕 주 올버니에서 태어나 올버니 아카데미를 졸업하고 뉴저지 대학에서 물리학을 가르쳤다. 1829년 전자석 실험을 하던 중 절연시킨 도선을 여러 번 감아 자석의 힘을 강화시킴으로써 1832년에 패러데이보다 앞서서 전자기 유도를 발견하였다. 이 발견은 전자기학과 전자기술의 발전에 큰 공헌을 하였다. 또 열전류 검류계를 이용하여 태양의 흑점이 표면보다 적은 양의 열을 복사한다는 것을 알아냈다. 1846년 워싱턴 D. C. 의 스미스소니언

연구소에서 기상관측을 지원하고 미국 기상국 창립에도 이바지하였다. 1892년에는 유도저항의 표준전기 단위인 헨리[H]가 그의 이름을 따서 명명되었다.

찾아보기

▶▶▶ ㅅ

▶▶▶ ㅇ

▸▸▸ ㅈ

물리로 보는 세상

₩ 14,000

제 1 판 1 쇄 2010 년 8 월 30 일 인쇄
제 1 판 3 쇄 2012 년 2 월 15 일 인쇄

인지 생략

著 者 한 원 열
發行人 金 洪 錫
發行處 淸 文 閣

경기도 파주시 문발동 파주출판도시 513-7
(등록1975. 05. 21. 제406-2005-000049호)
Tel. 031) 955-1451～7 Fax. 031) 955-1458
Homepage : http://www.cmgpg.com
Email : cmgbook@cmgbook.co.kr

ISBN : 978-89-6364-068-6